技工院校信息类专业工学一体化教材

技工院校计算机程序设计专业教材（中/高级技能层级）

Java 程序设计基础

实训和习题集

赵慧慧/主　编
张威威/副主编
邹伟民/主　审

中国劳动社会保障出版社

简介

本书为技工院校信息类专业工学一体化教材、技工院校计算机程序设计专业教材（中/高级技能层级）《Java 程序设计基础》的配套用书。本书内容紧扣教材的教学要求，注重基础知识的巩固和基本能力的培养，知识点分布均衡，题型丰富，难易适当，有助于学生复习巩固所学知识。

本书由赵慧慧担任主编，张威威担任副主编，沈田予、张南、张云娜、芦治国参加编写，邹伟民担任主审。

图书在版编目（CIP）数据

Java 程序设计基础实训和习题集 / 赵慧慧主编 .
北京：中国劳动社会保障出版社，2025. --（技工院校信息类专业工学一体化教材）（技工院校计算机程序设计专业教材：中 / 高级技能层级）. -- ISBN 978-7-5167-6968-3

Ⅰ. TP312.8-44

中国国家版本馆 CIP 数据核字第 2025C44E91 号

中国劳动社会保障出版社出版发行

（北京市惠新东街 1 号　邮政编码：100029）

*

北京市艺辉印刷有限公司印刷装订　　新华书店经销

787 毫米 ×1092 毫米　16 开本　8.5 印张　159 千字

2025 年 3 月第 1 版　　2025 年 3 月第 1 次印刷

定价：22.00 元

营销中心电话：400-606-6496

出版社网址：https://www.class.com.cn

https://jg.class.com.cn

目 录

第一章　Java 概述

第一节　初识 Java 语言

一、填空题

1. 计算机语言主要分为机器语言、汇编语言和______语言 3 大类。

2. ____________是 Java 的核心特点之一，它将一切事物都抽象为对象，通过面向对象的方式进行程序的设计和实现。

3. Java 具有______________、________________、________________等特点。

4. Java 程序可以在多种操作系统上运行，这体现了其___________的特点。

5. 针对不同的应用开发需求，Sun 公司将 Java 划分为_______________、_______________和________________等 3 种技术平台。

二、选择题

1. 下列选项中，属于高级语言的是（　　）。

A. C#　　　　B. Java

C. Python　　　　D. 以上选项均正确

2. 下列选项中，不属于 Java 特点的是（　　）。

A. 简单易用　　　　B. 面向过程

C. 安全可靠　　　　D. 可移植

3. 下列选项中，关于 Java 的说法中错误的是（　　）。

A. Java 是一种相对简单的编程语言

B. Java 支持多个线程同时执行，并提供多个线程之间的同步机制

C. Java 不支持 Internet 应用的开发

D. Java 被广泛应用于各类应用软件开发或数据处理

4. 下列选项中，关于 Java 应用的说法中错误的是（　　）。

A. Java 是企业级应用开发的唯一首选语言

B. Java 用于开发跨平台的桌面应用程序

C. Java 在大数据处理框架中被广泛应用

D. Java 在游戏开发中被广泛应用

5. 定位于个人计算机使用，用于开发服务器 / 客户机架构软件的 Java 技术平台是（　　）。

A. Java SE　　　　B. Java EE

C. Java ME　　　　D. Java PE

三、判断题

1. 高级语言采用接近于计算机的语言进行编程，简化了程序编写的过程。（　　）

2. Java 是由 Sun 公司的詹姆斯・高斯林（James Gosling）独立开发的。（　　）

3. Java SE 支持 Java Web 服务开发的类，并为 Java EE 提供基础。（　　）

4. Java EE 帮助开发和部署可移植、健壮、可伸缩且安全的服务器端 Java 应用程序。（　　）

5. Java ME 是 Java EE 和 Java SE 的基础。（　　）

四、名词解释

1. Java EE

2. Java SE

3. Java ME

第二节　搭建 Java 开发环境

一、填空题

1. Eclipse 是一个开源的、用于 Java 程序开发的________________。

2. MyEclipse 由 Genuitec 公司发布，提供______和______版本。

3. NetBeans 包括开源的________________和______________。

4. IntelliJ IDEA 提供了________________和____________的工具组合。

5. JDK 包含 Java 的____________、____________和________________。

二、选择题

1. 最初由 IBM 公司开发，2001 年 11 月被贡献给开源社区，现在由非营利软件供应商联盟管理的集成开发环境是（　　）。

A. Eclipse　　B. MyEclipse　　C. NetBeans　　D. IntelliJ IDEA

2. 下列选项中，（　　）是 Eclipse IDE 的一个扩展。

A. JDK　　B. MyEclipse　　C. NetBeans　　D. IntelliJ IDEA

3. 目前，NetBeans 可以在（　　）平台上进行开发。

A. Solaris　　B. Windows　　C. Linux　　D. 以上选项均正确

4. IntelliJ IDEA 是（　　）公司的产品。

A. IBM　　B. Genuitec　　C. JetBrains　　D. Sun

5. 在安装 JDK 前要到（　　）官网获取 JDK 的安装包。

A. Eclipse　　B. MyEclipse　　C. NetBeans　　D. Oracle

三、判断题

1. NetBeans IDE（集成开发环境）可以使开发人员利用 Java 平台快速创建 Web、企业、桌面以及移动的应用程序。（　　）

2. IntelliJ IDEA 支持 J2EE、Ant、JUnit 和 CVS 集成等。（　　）

3. JDK 安装完成后，系统能自动识别到它，不需要额外配置。（　　）

4. Java 程序的实现必须经过编写、编译和运行 3 个步骤。（　　）

5. Eclipse 可以使用任意版本的汉化包 Babel 进行汉化。（　　）

四、名词解释

1. Eclipse

2. MyEclipse

3. NetBeans

4. IntelliJ IDEA

5. JDK

【实训案例 1】使用 Eclipse 编写一个简单程序

一、填空题

1. Java 工程可以借助________进行分类管理。
2. Java 程序的基本单位是________。
3. Java 程序的运行入口为__________。
4. Java 通常通过______来体现代码逻辑结构。
5. 在 Java 程序中，开头使用______进行单行内容注释。

二、选择题

1. Java 程序使用（　　）关键字指定当前类所放置的包。

A. public　　B. class　　C. package　　D. main

2. 在 Java 程序中，包可以包含多层，包的名称一般使用小写字母，各个层次之间使用“（　　）”符号分隔。

A. ,　　B. .　　C. ;　　D. :

3. 下列选项中，关于 Java 类的说法中不正确的是（　　）。

A. 在 Java 程序中，使用 class 关键字定义类
B. 一个 Java 程序可以包含多个类
C. 一个 Java 类通常包含类头和类体两部分
D. 类体主要是类的描述信息

4. 下列选项中，关于 main() 方法的说法中不正确的是（　　）。

A. Java 程序的运行入口为 main() 方法
B. 在一个程序中，至少要有一个类含有 main() 方法
C. 在一个程序中，只能有一个类含有 main() 方法
D. 在一个程序中，可以含有多个 main() 方法

5. 下列选项中，关于 Java 标识符的说法中不正确的是（　　）。

A. 标识符的命名以字母、数字、下划线开头
B. 标识符应严格区分大小写
C. 标识符的命名应有意义，要以“见名知意”为原则

D. 自定义的标识符名称不能使用系统关键字

6. 下列选项中，关于 Java 关键字的说法中不正确的是（　　）。

A. Java 关键字是事先定义的、有特别意义的标识符

B. Java 关键字一律用大写字母标识

C. Java 关键字用来告诉编译器其声明的变量类型、类、方法特性等信息

D. 关键字不能用作变量名、方法名、类名、包名和参数

三、程序设计题

编写 Java 程序，输出实训案例图 1-1-1 所示的“JAVA”字符图形。

实训案例图 1-1-1

【实训项目 1】设计学生信息管理程序界面

一、实训目的

1. 能下载并安装 JDK。
2. 能下载并安装 Eclipse 集成开发环境。

3. 能规范编写并执行简单的 Java 程序。
4. 掌握 println( ) 函数的使用方法。

二、项目描述

使用 Eclipse 编写 Java 程序，输出实训项目图 1-1-1 所示的学生信息管理程序界面。

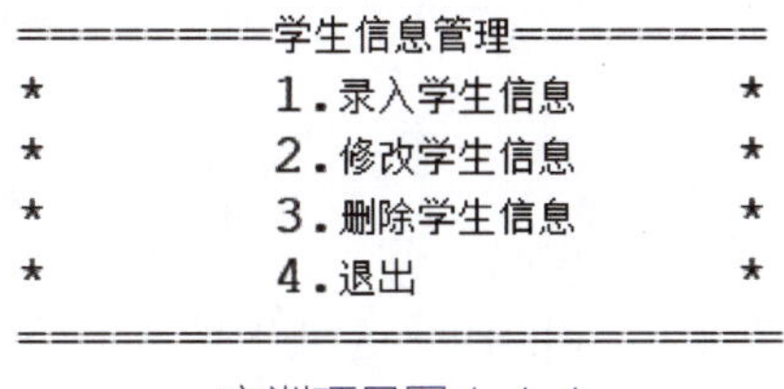

```
=========学生信息管理=========
*            1.录入学生信息       *
*            2.修改学生信息       *
*            3.删除学生信息       *
*            4.退出              *
=============================
```

实训项目图 1-1-1

三、实训环境配置

1. Windows 10 操作系统。
2. JDK 17 开发工具包。
3. Eclipse 集成开发环境。

四、实训准备

1. 安装 JDK 17

（1）在 Windows 10 操作系统中下载 JDK 17 安装包并进行安装。
（2）JDK 17 安装完成后，配置环境变量。
（3）在 Windows 命令行窗口中输入“java -version”命令，测试 JDK 17 是否安装成功。

2. 安装并使用 Eclipse

（1）在 Windows 10 操作系统中下载 Eclipse 安装包并安装。
（2）新建 Java 程序，输入以下代码，并执行程序。

示例代码：

```
System.out.println("================");
```

```
System.out.println("*    实训项目 1    *");
System.out.println("=================");
```

运行结果如实训项目图 1-1-2 所示。

```
=================
*    实训项目1    *
=================
```

实训项目图 1-1-2

五、项目实施

1. 编写程序代码

根据项目要求，在 Eclipse 工作窗口的代码区域中输入以下代码，并在理解代码意义的基础上，在横线上将代码补充完整。

```
System.out.println("======== 学生信息管理 ========");
System.out.println("*         1. 录入学生信息        *");
________________________________________________
System.out.println("*         3. 删除学生信息        *");
________________________________________________
System.out.println("==========================");
```

2. 运行与调试程序

运行程序，排除出现的错误，并在实训项目表 1-1-1 中做好记录。

实训项目表 1-1-1

序号	输入内容	输出结果	是否出错	错误原因	处理方法

六、实训评价

完成本实训项目后，学生展示项目实施成果，讲述或介绍在完成项目过程中的心得体会。

从职业素养、专业能力、工作成果等方面对学生进行评价，采用自我评价、小组评价、教师评价相结合的多元评价方式，填写实训项目表 1–1–2。

实训项目表 1–1–2

序号	评价内容	配分 / 分	评价分数		
			自我评价（占比 30%）	小组评价（占比 30%）	教师评价（占比 40%）
1	能正确下载 JDK 安装包	10			
2	能正确安装 JDK 并测试	15			
3	能正确下载并安装 Eclipse	10			
4	能正确使用 Eclipse 集成开发环境编写程序	20			
5	能正确使用 println( ) 函数输出信息	15			
6	能在 Eclipse 集成开发环境中设计学生信息管理程序界面	30			
综合得分					

第二章　Java 基础语法

第一节　常量与变量

一、填空题

1. ________是指在程序中固定不变的值。

2. 在 Java 程序中，常量类型根据其存储的数据类型主要分为__________、__________、__________、__________、__________和__________等。

3. ________是指内存中的某个存储区域，用来在程序中存储可以在同一类型范围内不断变化的数据。

4. ______________________是指两种数据类型在转换的过程中不需要显式地进行声明，由编译器自动完成。

5. ______________________是指两种数据类型之间的转换需要进行显式的声明。

二、选择题

1. 在 Java 程序中，整型常量 128 表示（　　）。

A. 二进制　　B. 八进制　　C. 十进制　　D. 十六进制

2. 在 Java 程序中，整型常量 0b1010 表示（　　）。

A. 二进制　　B. 八进制　　C. 十进制　　D. 十六进制

3. 在 Java 程序中，整型常量 0x1F 表示（　　）。

A. 二进制　　B. 八进制　　C. 十进制　　D. 十六进制

4. 在 Java 程序中，整型常量 028 表示（　　）。

A. 二进制　　B. 八进制　　C. 十进制　　D. 十六进制

5. 下列选项中，关于浮点型常量的说法中错误的是（　　）。

A. 浮点型常量是带小数的数据

B. 浮点数分为单精度浮点数（float）和双精度浮点数（double）两种类型

C. 单精度浮点数后面以 D 或 d 结尾，双精度浮点数则以 F 或 f 结尾

D. 没有后缀 F/f 的浮点数默认为 double 类型

6. 下列选项中，关于字符常量的说法中错误的是（　　）。

A. 字符常量是单个字符

B. 一个字符常量要用一对英文全角格式的单引号引起来

C. 字符常量可以是英文字母、数字、标点符号

D. 字符常量可以是由转义序列表示的特殊字符

7. 下列选项中，关于字符串常量的说法中错误的是（　　）。

A. 字符串常量就是字符常量

B. 一个字符串常量要用一对英文半角格式的双引号引起来

C. 123 是整型常量，"123" 是字符串常量

D. "hello""Welcome \n Java developer" 都是字符串常量

8. 下列选项中，关于布尔常量和 null 常量的说法中错误的是（　　）。

A. 布尔常量是用于区分事物的真与假的值

B. 布尔常量有 true 和 false 两个值

C. null 常量只有一个值 null，表示对象的引用为空

D. null 常量没有意义

9. 下列选项中，关于常量的说法中正确的是（　　）。

A. 常量可以理解为一种特殊的变量

B. 常量的值被设定后，在程序运行过程中不允许被改变

C. 常量名一般使用大写字符

D. 以上选项均正确

10. 下列选项中，关于变量的说法中错误的是（　　）。

A. 变量是指内存中的某个存储区域

B. 变量用来在程序中存储可以在同一类型范围内保持不变的数据

C. 变量是程序中最基本的存储单元

D. 变量由变量的数据类型、变量名和存储的值组成

11. 下列选项中，整型变量取值范围为 $-2^{15}\sim2^{15}-1$ 的是（　　）型变量。

A. 字节　　B. 短整

C. 整　　D. 长整

12. 在 Java 程序中，float 型变量占用的空间为（　　）。

A. 8 位（1 字节）　　B. 16 位（2 字节）

C. 32 位（4 字节） D. 64 位（5 字节）

13. 下列选项中，关于字符型变量的说法错误的是（ ）。

A. 在 Java 程序中，字符型变量用 char 表示，用于存储一个字符

B. 在 Java 程序中，每个 char 类型的字符型变量都会占用 2 字节

C. 在给 char 类型的变量赋值时，需要用一对英文半角格式的双引号把字符引起来

D. 字符型变量的声明方法为“char 变量名 = 值 ;”

14. 下列选项中，变量的声明和赋值方法有错误的是（ ）。

A. double a=3.1; B. int a=b=1;

C. int a,b;
a=1;
b=2;

D. double a,b;
a=3.1;
b=2;

三、判断题

1. 在 Java 程序中，常量名一般使用大写字符。（ ）

2. “314E–2”是科学记数法形式的整型常量。（ ）

3. 在 Java 程序中，整型变量不区分进制，统一使用十进制。（ ）

4. 在 Java 程序中，变量需要先声明后使用，可以在声明变量的同时进行初始化。（ ）

5. 在 Java 程序中，“\n”用来表示按 Enter 键换行。（ ）

6. 变量是程序中最基本的存储单元。（ ）

7. 在 Java 程序中，变量每次只能赋一个值，在程序中也只能修改一次。（ ）

8. 变量的作用域是指变量的作用范围，即变量被声明的某一对花括号所包含的代码区域。（ ）

9. 在 Java 程序中，自动类型转换只要满足目标类型的取值范围大于源类型的取值范围即可。（ ）

10. 在 Java 程序中，强制类型转换只应用于两种类型彼此不兼容的情况。（ ）

四、程序设计题

编写 Java 程序，定义一个浮点型常量 PI 和一个整型变量 S，分别为它们赋初值 3.14 和 10，再次给变量 S 赋值 12，运行结果如图 2–1–1 所示。

```
浮点型常量的声明：
final double PI;
浮点型常量的赋初值：
PI=3.14;
整型变量的声明：
int S;
整型变量的赋初值：
S=10;
整型变量的再次赋值：
S=12;
```

图 2-1-1

第二节　运算符与表达式

一、填空题

1. __________是指在程序中用来进行运算的特殊符号。

2. 在 Java 程序中，根据运算类型的不同，运算符可分为____________、____________、____________和______________等。

3. __________________是指在表达式中运算符参与运算的先后顺序。

4. __________是指用运算符把操作数连接起来表达某种运算或含义的式子。

5. 根据运算符类型的不同，Java 表达式主要分为____________、____________、____________、____________和____________等。

二、选择题

1. 下列选项中，(　　) 是 Java 程序中的算术运算符。

A. %　　B. ==　　C. &&　　D. !=

2. 以下代码的输出结果是 (　　)。

```
int a=10;
int b=5;
System.out.println(a/b);
```

A. 2.0　　B. 2

C. a/b　　D. 错误提示

3. 以下代码的输出结果是 (　　)。

```
int a=5;
int b=++a;
System.out.println(b);
```

A. b　　B. 5

C. 6　　D. 错误提示

4. 以下代码的输出结果是 (　　)。

```
int x=8;
x>>=2;
System.out.println(x);
```

A. 64　　B. 32　　C. 4　　D. 2

5. 下列选项中，(　　) 表达式的结果是 true。

A. 5==5 || 3 !=3　　B. 5>3 && 2<1

C. !(4 < 5)　　D. 6 % 2==1

6. 下列选项中，(　　) 表达式的结果是 false。

A. true && true　　B. false || true

C. (5>3) && (8<6)　　D. !(false)

7. 下列选项中，(　　) 是进行不等于运算的运算符。

A. <>　　B. !=　　C. >=　　D. <=

8. 以下代码的输出结果是 (　　)。

```
int a=10;
int b=20;
int c=a>b ? a : b;
System.out.println(c);
```

A. 20　　B. 10　　C. c　　D. a > b ? a : b

9. 下列选项中，(　　) 是位运算符。

A. +　　B. -　　C. %　　D. &

10. 下列选项中，(　　) 表达式的结果为 true。

A. (5 & 3) == 7　　B. (6^5) == 3

C. (7 | 1) == 6　　D. (~ 4) == -5

三、判断题

1. 在 Java 程序中，位运算符是对操作数的二进制数的每一位进行操作的符号。(　　)

2. “>”“<”“=”“<<”“>>”都是比较运算符。(　　)

3. 括号“( )”是 Java 的运算符，括号运算符主要用来处理表达式的优先级。(　　)

4. 运算符“!=”的优先级高于“<　”“>”“<=”“>=”。(　　)

5. 关系表达式与逻辑表达式的值都是布尔值，因此都属于布尔表达式。(　　)

6. 表达式“a*(b+c)”先计算 b、c 的和，再将其与 a 相乘。(　　)

7. 运算符“>>>”是右移运算符，对运算符左边的操作数的二进制数右移右边的操作数位，左边补符号位。(　　)

8. 运算符“ ~ ”是对运算符右边的操作数求反码。(　　)

9. 对于表达式“s=a>b?a:b”，当 a=3，b=2 时，s=3。(　　)

10. 表达式“3 > 4 && 1 != 1”的结果是 false。(　　)

四、程序设计题

编写 Java 程序，定义 3 个整型变量 a、b、c，分别为其赋初值 10、20、30，对 a、b、c 进行以下运算并输出结果。

（1）对 a 和 b 进行加、减、乘、除、取余运算。

（2）判断 a 和 b 的等于、不等于、大于、小于、大于或等于、小于或等于的关系是否成立。

（3）对（a>b）和（a<c）进行逻辑与运算，对（a>b）和（a>c）进行逻辑或运算。

（4）对 a 和 b 进行按位与、或、异或运算，对 a 进行按位补、左移 2 位、右移 2 位、无符号右移 2 位运算。

运行结果如图 2-2-1 所示。

```
和（Sum）: 30
差（Difference）: -10
积（Product）: 200
商（Quotient）: 0
余数（Remainder）: 10
a等于b吗？（Is a equal to b? ）false
a不等于b吗？（Is a not equal to b?） true
a大于b吗？（Is a greater than b?） false
a小于b吗？（Is a less than b? ）true
逻辑与（And condition）: false
逻辑或（Or condition）: false
按位与（Bitwise AND）: 0
按位或（Bitwise OR）: 30
按位异或（Bitwise XOR）: 30
按位补（Bitwise Complement）: -11
左移（Left Shift）: 40
右移（Right Shift）: 2
无符号右移（Zero Fill Right Shift）: 2
```

图 2-2-1

第三节 程序流程控制语句

一、填空题

1. ________________是指控制程序运行中各语句的执行顺序。

2. Java 程序设计语言中的基本流程控制结构有 3 种，分别是________________、________________和________________。

3. ____________是程序中最简单、最基本的流程控制结构。

4. ____________________是一种在两种以上的执行路径中选择一条来执行的控制结构。

5. ____________________是在一定条件下，反复执行某段程序的控制结构。

二、选择题

1. 图 2-3-1 所示的流程图属于（　　）选择语句。

A. 单路　　B. 双路　　C. 三路　　D. 多路

2. 图 2-3-2 所示的流程图属于（　　）选择语句。

A. 单路　　B. 双路　　C. 三路　　D. 多路

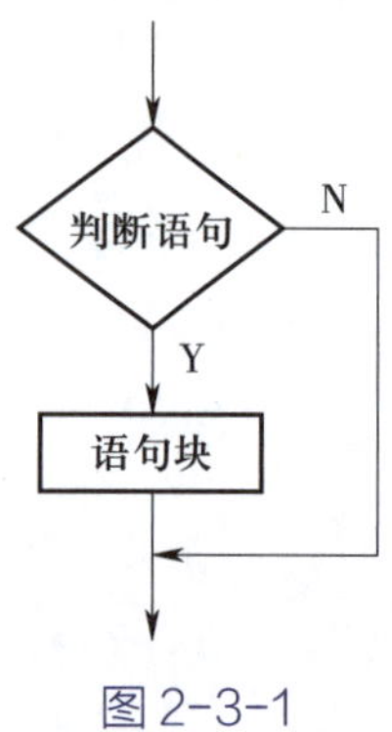

图 2-3-1

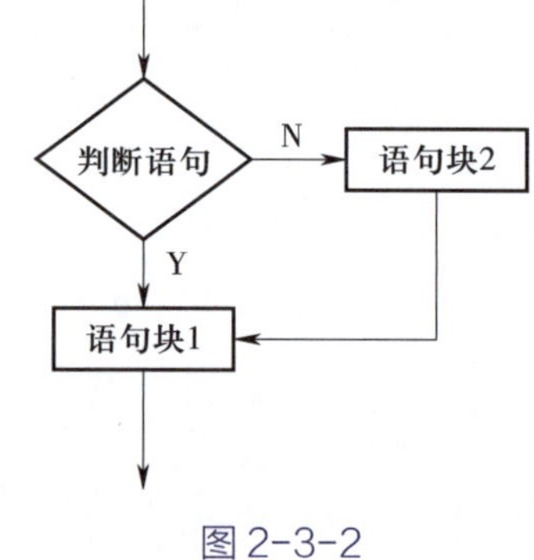

图 2-3-2

3. 图 2-3-3 所示的流程图属于（　　）选择语句。

A. 单路　　B. 双路　　C. 三路　　D. 多路

4. 图 2-3-4 所示的流程图属于（　　）选择语句。

A. 单路　　B. 双路　　C. 三路　　D. 多路

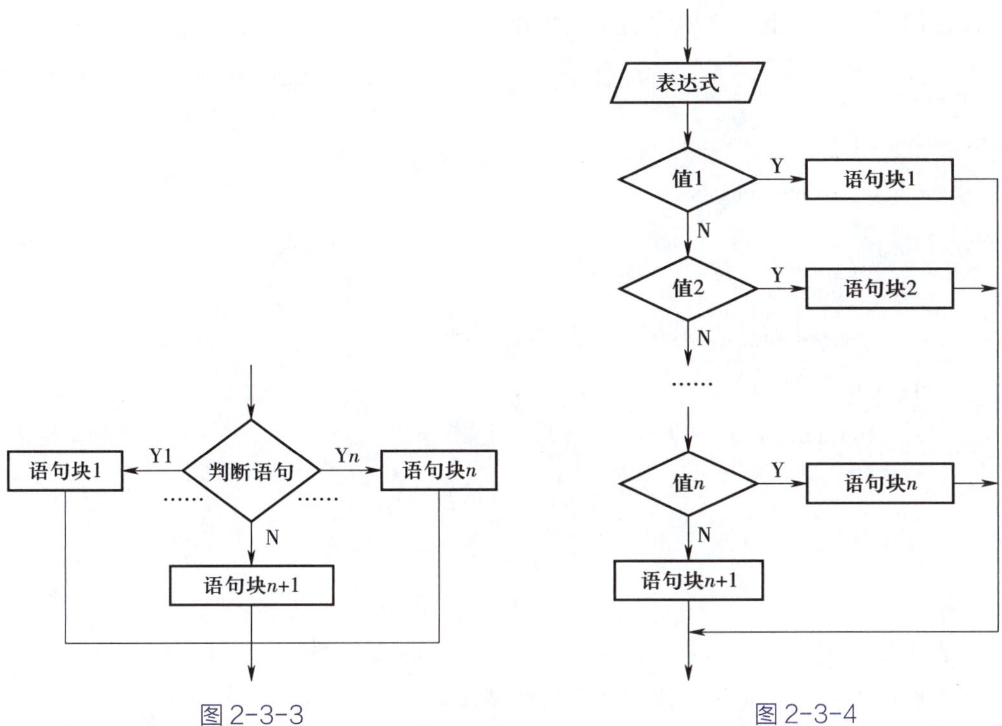

图 2-3-3　　图 2-3-4

5. 下列选项中，关于循环结构的说法中错误的是（　　）。

A. 判断能否进行循环的条件称为循环条件

B. 被反复执行的语句序列称为循环体

C. 先判断循环条件，再执行循环体的循环通常称为直到型循环

D. 先执行循环体，再判断循环条件的循环通常称为直到型循环

6. 阅读以下代码，下列选项中输出结果正确的是（　　）。

```
int score=90;
if(score>=60) {
    System.out.println(" 通过考试 ");
}
else {
    System.out.println(" 未通过考试 ");
}
```

A. score>60　　B. score>=60　　C. 通过考试　　D. 未通过考试

7. 阅读以下代码，下列选项中输出结果正确的是（　　）。

```
int number = 5;
if (number==0) {
    System.out.println(number + " 是 0");
} else {
        if (number < 0) {
            System.out.println(number + " 是负数 ");
        } else {
            System.out.println(number + " 是正数 ");
        }
}
```

A. 5 是 0　　　　B. 5 是正数

C. 5 是负数　　　　D. number 是正数

8. 下列选项中，关于 switch 语句的说法中错误的是（　　）。

A. switch 支持字符串 String 类型，同时 case 标签必须为字符串常量或字面常量

B. switch 语句可以拥有多个 case 语句，每个 case 语句后面跟一个要比较的值和冒号

C. case 语句中的值的数据类型必须与表达式的值的数据类型相同，而且只能是常量或字面常量

D. 当表达式的值与 case 语句的值相等时，case 语句之后的语句开始执行，直到 break 语句出现才会跳出 switch 语句

9. 下列选项中，关于 while 语句的说法中错误的是（　　）。

A. while 语句与选择结构语句类似，都是根据判断条件决定是否执行花括号内的语句块

B. while 语句会反复地进行条件判断，只要条件成立，“{}”内的语句块就会执行，直到条件不成立，while 循环结束

C. do…while 语句和 while 语句相似，但 do…while 语句至少会执行一次循环

D. do…while 语句和 while 语句只有语法上的不同，执行流程相同

10. 下列选项中，关于 for 语句循环语法的说法中错误的是（　　）。

A. 先执行初始化步骤。可以声明一种类型，但可初始化一个或多个循环控制变量，也可以是空语句

B. 检测循环判断语句的值，如果为 true，则循环体被执行；如果为 false，则循环终止，程序终止

C. 执行一次循环后，更新循环控制变量

D. 每次执行循环语句前都要检测循环判断语句中的布尔表达式

11. 在 Java 程序中，主要用在 switch 条件语句和循环语句中，用于跳出所在分支或循环结构的语句是（　　）语句。

A. return　　B. case　　C. break　　D. continue

12. 在 Java 程序中，主要用于循环结构，用来结束当前循环，并进入下一次循环的语句是（　　）语句。

A. return　　B. case　　C. break　　D. continue

13. 在 Java 程序中，用于从方法中返回值或退出方法的语句是（　　）语句。

A. return　　B. case　　C. break　　D. continue

14. 下列选项中，关于 break 语句与 continue 语句的说法中错误的是（　　）。

A. break 语句可以跳出当前循环，即整个循环都不会被执行

B. 与 break 语句不同，continue 语句是提前结束本次循环，但会继续执行下一次循环

C. 在多层嵌套的循环中，continue 语句可以通过标签指明要跳过的是哪一层循环，也会提前结束最外层循环

D. 当 break 语句出现在嵌套循环中的内层循环时，它只能跳出内层循环，如果想使用 break 语句跳出外层循环，那么需要在外层循环中也使用 break 语句

15. 阅读以下代码，下列选项中输出结果正确的是（　　）。

```
int height = 5; // 可以通过修改此值来改变三角形的高度
for (int i=1; i<= height; i++) {
    // 打印左边的空格
    for (int j=1; j<= height- i; j++) {
        System.out.print(" ");
    }
    // 打印星号
    for (int k=1; k<=2 * i-1; k++) {
        System.out.print("*");
    }
```

```
        // 换行进入下一行
        System.out.println( );
}
```

```
    * * * * * * * * *
      * * * * * * *
        * * * * *
          * * *
A.          *
```

```
            *
          * * *
        * * * * *
      * * * * * * *
B.  * * * * * * * * *
```

```
   * * * * * * * * *
   * * * * * * * * *
   * * * * * * * * *
   * * * * * * * * *
C. * * * * * * * * *
```

```
         *
       * * *
     * * * * *
       * * *
D.       *
```

三、判断题

1. Java 的流程控制一般是按照程序源代码的顺序自上而下按序执行的，有时也会根据需要来改变程序执行的顺序。 (　　)

2. 选择结构要先进行一个判断，然后根据判断结果来决定选择哪一条执行路径。 (　　)

3. 当选择的分支较多时，使用嵌套的 if 语句比 switch 语句的可读性更好。 (　　)

4. 在 switch 语句中，case 语句必须包含 break 语句。 (　　)

5. 在 switch 语句中，default 关键字后面可以什么都不写，但是后面的冒号和分号不能省略，否则就是语法错误。 (　　)

6. 对于 do…while 语句，若不满足条件，则不能进入循环。 (　　)

7. for 语句是循环控制语句的一种，其特点是在循环执行前就已经明确循环次数。 (　　)

8. for 语句循环多了会导致代码执行效率降低，而且容易死机，因为多循环中的总循环次数是相乘的。 (　　)

9. 嵌套循环就是把内层循环当成外层循环的循环体，当只有内层循环的循环条件为 true 时，会完全跳出内层循环，才可结束外层的当次循环，开始下一次循环。 (　　)

10. break 语句主要用于 switch 条件语句和循环语句中，用于跳出所在分支或循环结构。 (　　)

四、程序设计题

1. 一年中的 3 月、4 月、5 月属于春季，6 月、7 月、8 月属于夏季，9 月、10 月、11 月属于秋季，12 月、1 月、2 月属于冬季。编写 Java 程序，根据指定月份，如 9 月，输出该月份所属的季节。

运行结果如图 2-3-5 所示。

```
当前月份是9月
9月属于秋季
```

图 2-3-5

2. 在自然数中有一类数非常特殊，它们叫质数或素数。质数是指大于 1 且除 1 和它自身之外再没有其他约数的自然数。编写 Java 程序，输出 100 以内的所有质数。

运行结果如图 2-3-6 所示。

```
2 3 5 7 11 13 17 19 23 29 31 37 41 43 47 53 59 61 67 71 73 79 83 89 97
1到100之间素数的个数为:25个
```

图 2-3-6

第四节　数组的使用

一、填空题

1. ____________是一组类型相同的数据的集合，数组中的每个数据被称作__________。

2. 一维数组是一组相同类型数据的线性集合，是数组中最简单的一种数组，一维数组用____________________来表示。

3. 二维数组由__________组成，二维数组用____________________来表示。

4. 要在程序中使用一维数组，必须先进行__________。

5. 数组的__________就是为数组开辟内存空间，即告诉计算机在内存中为数组分配几个连续的位置来存储数据，并为数组中的每个元素赋予初始默认值。

6. 数组通过________内存空间存储数据，数组元素可以使用________________________来访问。

7. 在 Java 程序中，可以通过“数组名 .________”的方式获得一维数组的________，即一维数组的元素个数。

8. 二维数组元素的访问格式为____________________________。

9. 依次访问数组中每个元素的操作称作数组的________。

10. 根据遍历的顺序，一维数组的遍历主要分为__________和__________两种。

二、选择题

1. 下列选项中，正确的初始化语句是（　　）。

A. char str[ ]="hello"

B. char str[100]="hello"

C. char str[ ]={'h','e','l','l','o'}

D. char str[ ]={'hello'}

2. 定义了一维 int 型数组 a[10] 后，在下列选项中，错误的引用是（　　）。

A. a[0]=1　　B. a[10]=2　　C. a[0]=5*2　　D. a[1]=a[2]*a[0]

3. 下列选项中，正确的二维数组初始化语句是（　　）。

A. float b[2][2]={0.1,0.2,0.3,0.4}　　B. int a[ ][ ]={{1,2},{3,4}}

C. int a[2][ ]={{1,2},{3,4}}　　D. float a[2][2]={0}

4. 在引用数组元素时，数组下标可以是（　　）。

A. 整型常量　　B. 整型变量　　C. 整型表达式　　D. 以上选项均正确

5. 定义了 int 型二维数组 a[6][7] 后，数组元素 a[3][4] 前的数组元素个数为（　　）个。

A. 24　　B. 25　　C. 18　　D. 17

6. 数组 a 的第三个元素表示为（　　）。

A. a(3)　　B. a[3]　　C. a(2)　　D. a[2]

7. 下面代码段的运行结果是（　　）。

```
int a[ ][ ]={{1,2,3},{4,5,6}};
System.out.printf("%d", a[1][1]);
```

A. 3　　B. 4　　C. 5　　D. 6

8. 下面代码段的运行结果是（　　）。

```
int[ ] arr= {1,3,9};
int sum=0;
for (int i= 0; i<arr.length; i++) {
    sum=sum+arr[i];
}
System.out.println(sum);
```

A. 4　　B. 12　　C. 13　　D. 0

9. 下列选项中，（　　）是给二维数组的第一行第一列的元素赋值的。

A. sum[ ][ ]=3　　B. num[1][ ]=3　　C. num[1][1]=3　　D. sum[0][0]=3

10. 下列数组有（　　）。

```
int[ ][ ] arr = {{1,2,3},{2,3,4},{3,4,5},{6,7,8},{1,4,6}};
```

A. 3 行 5 列　　B. 5 行 5 列　　C. 3 行 3 列　　D. 5 行 3 列

11. 下列选项中，数组声明的语法格式不正确的是（　　）。

A. int[ ] array　　B. int array[ ]　　C. char[ ]　　D. String[ ] strArray

12. 下面代码段的运行结果是（　　）。

```
int[ ] score=new int[3];
score[2]=5;
score[1]=8;
```

```
score[0]=55;
for (int i=0; i<score.length; i++) {
    System.out.print(score[i]+",");
}
```

A. 55,8,5,　　B. 5,8,55,　　C. 8,5,55　　D. 5,8,55

13. 下面代码段的运行结果是（　　）。

```
int x=30;
int[ ] a=new int[x];
x=60;
System.out.println(a.length);
```

A. 30　　B. 60　　C. 50　　D. 20

14. 下面代码段的运行结果是（　　）。

```
char[ ][ ] ch={{'a'},{'b','c','d'},{'e','f'},{'g', 'h','i','j'}};
System.out.print(ch[2].length+" ");
System.out.print(ch.length);
```

A. 3　4　　B. 2　4　　C. 3　3　　D. 2　0

15. 下列选项中，会造成数组 a[10] 越界的语句是（　　）。

A. a[0]+=9　　B. a[9]=10　　C. --a[9]　　D. a[10]++

三、判断题

1. 数组 a[1] 表示数组名为 a，数组长度为 1，即该数组中只有 1 个元素 a[1]。（　　）

2. 二维数组 a[3][4] 表示数组名为 a，数组行数为 3，列数为 4。（　　）

3. 声明了数组，就是得到了一个存放数组的变量，为数组元素分配了内存空间，数组就能在程序中使用了。（　　）

4. 数组的动态初始化会指定数组长度，由系统给出初始默认值，再给数组元素赋值。（　　）

5. 数组的静态初始化在定义数组的同时就给数组所有元素赋值。（　　）

6. 静态初始化适用于不确定数组中具体元素的情形，动态初始化适用于确定了具体的数组元素的情形。（　　）

7. 通过索引值访问数组元素时，可以通过计算内存地址的方式快速定位到对应的元素。（ ）

8. 一维数组的索引值是从 0 开始的，一直到“数组的长度 -1”。（ ）

9. 在 Java 程序中，二维数组通过“数组名 .length”的方式获得的是其所包含的所有元素的数量。（ ）

四、程序设计题

1. 现有一个小数数组｛12.9，53.54，75.0，99.1，3.14｝，编写代码，找出数组中的最小值并输出该值。运行结果如图 2-4-1 所示。

```
最小值是3.14
```

图 2-4-1

2. 现有一个矩阵 m=｛｛1，2，3，4｝，｛5，6，7，8｝，｛9，10，11，12｝，｛13，14，15，16｝｝，编写代码，计算该矩阵主对角线上的所有数字的和并输出该值。运行结果如图 2-4-2 所示。

```
矩阵m主对角线上的所有数字的和为：34
```

图 2-4-2

【实训案例 2】计算选手总成绩并输出获奖情况

一、填空题

1. 在 Java 程序中，通常采用________变量记录表格中的数据。

2. 在 Java 程序中，遍历数组适合采用________结构语句。

3. 在 Java 程序中，对数据进行比较处理适合采用________结构语句。

4. 在 Java 程序中，________________适用于对多个整型数值（包括负数）进行匹配判断，从而实现条件的分支控制。

5. ________________的基本思想是通过相邻元素之间的比较和交换，使每一趟排序过程中，最大（或最小）的元素逐渐“浮”到序列的末尾。

二、程序设计题

现有一个数组 array=｛64，34，25，12，22，11，9｝，编写代码，根据冒泡排序的思想进行排序并输出。运行结果如实训案例图 2-1-1 所示。

```
冒泡排序后的序列：
9
11
12
22
25
34
64
```

实训案例图 2-1-1

【实训项目 2】设计学生成绩管理程序

一、实训目的

1. 能声明和使用常量、变量。
2. 能选用运算符规范编写表达式。
3. 能规范编写并执行顺序、分支、循环等结构的 Java 程序。
4. 能声明、初始化和使用数组。

二、项目描述

使用 Eclipse 编写 Java 程序，实现一个简单的学生成绩管理程序，包括输入学生姓名、各科成绩，以及计算总分和排序功能，如实训项目图 2-1-1 所示。

```
请输入学生人数： 3
请输入科目数： 2
请输入第 1 个学生的名字：
s1
请输入第 1 个学生的成绩（每科成绩输入后使用Enter键确认）：
80
80
请输入第 2 个学生的名字：
s2
请输入第 2 个学生的成绩（每科成绩输入后使用Enter 键确认）：
90
90
请输入第 3 个学生的名字：
s3
请输入第 3 个学生的成绩（每科成绩输入后使用Enter 键确认）：
70
70
s1同学的总分： 160
s2同学的总分： 180
s3同学的总分： 140
s1同学的排名是： 2
s2同学的排名是： 1
s3同学的排名是： 3
```

实训项目图 2-1-1

三、实训环境配置

1. Windows 10 操作系统。
2. JDK 17 开发工具包。
3. Eclipse 集成开发环境。

四、实训准备

1. 程序设计思路

（1）通过 Scanner 类获取用户输入的学生人数。

（2）创建相应大小的数组分别存储学生的名字和成绩。

（3）用户逐个输入学生的名字和成绩，并计算总分。

（4）根据成绩进行排名。

（5）输出每名学生的名字和对应的排名。

2. 输入函数

（1）Scanner 类

在 Java 程序中，输入函数主要通过 Scanner 类实现。Scanner 类位于 java.util 包中，用于从控制台或其他输入流中读取数据。要使用 Scanner 类，首先需要导入 java.util 包，然后创建 Scanner 对象。导入 java.util 包的代码如下。

示例代码：

```
package 包名;
import java.util.Scanner;// 导入 Scanner 类所在的 java.util 包
public class 类名 {
    public static void main(String[ ] args) {
        ……
    }
}
```

（2）创建 Scanner 对象

创建 Scanner 对象的常用方式是从标准输入流 System.in、文件或字符串中读取数据。例如，从标准输入流创建 Scanner 对象的代码如下。

示例代码：

```
Scanner scanner=new Scanner(System.in);
```

（3）常用的 Scanner( ) 方法

创建 Scanner 对象后，可以使用其提供的方法读取输入数据，常用的 Scanner( ) 方法见实训项目表 2–1–1。

实训项目表 2–1–1

序号	方法名	说明
1	nextInt( )	从输入流中读取下一个整数
2	nextDouble( )	从输入流中读取下一个双精度浮点数
3	nextLine( )	从输入流中读取一行文本
4	next( )	读取下一个完整的标记（单词），默认以空格为分隔符
5	close( )	为了节省内存，在方法结束前调用 Scanner 类的 close( ) 方法来关闭输入流

使用 Scanner 类读取不同类型的输入，示例代码如下。

示例代码：

```
System.out.print(" 请输入一行文本 : ");
Scanner scanner = new Scanner(System.in);
String inputString = scanner.nextLine( );
System.out.println(" 你输入的文本是 : " + inputString);
System.out.print(" 请输入一个整数 : ");
int inputInt = scanner.nextInt( );
System.out.println(" 你输入的整数是 : " + inputInt);
System.out.print(" 请输入一个浮点数 : ");
double inputDouble = scanner.nextDouble( );
System.out.println(" 你输入的浮点数是 : " + inputDouble);
```

运行结果如实训项目图 2–1–2 所示。

```
请输入一行文本: hello
你输入的文本是: hello
请输入一个整数: 10
你输入的整数是: 10
请输入一个浮点数: 3.14
你输入的浮点数是: 3.14
```

实训项目图 2-1-2

五、项目实施

1. 编写程序代码

根据项目要求，在 Eclipse 工作窗口的代码区域中输入以下代码，并在理解代码意义的基础上，在横线上将代码补充完整。

```
Scanner scanner = new Scanner(System.in);
System.out.print(" 请输入学生人数 : ");
int numberOfStudents = scanner.nextInt( );
System.out.print(" 请输入科目数 : ");
int numberOfScore = scanner.nextInt( );
String[ ] names = new String[numberOfStudents];// 存放学生的名字
int[ ][ ] scores = new int[numberOfStudents][numberOfScore];// 存放学生的各科成绩
int[ ] totalScore =new int[numberOfStudents];// 存放学生的总分
int[ ] rank = new int[numberOfStudents];// 存放学生的排名

// 输入学生成绩
for (int i = 0; i < numberOfStudents; i++) {
    System.out.println(" 请输入第 " + (i + 1) + " 个学生的名字 : ");

    ____________________________________
    System.out.println(" 请输入第 " + (i + 1) + " 个学生的成绩 ( 每科成绩输入后使用 Enter 
键确认 ): ");
    for(int j=0;j<numberOfScore;j++) {
```

```
        ______________________________________
    }

}

//计算总分
for (int i = 0; i < numberOfStudents; i++) {
    totalScore[i]=0;
    for(int j=0;j<numberOfScore;j++) {

        ______________________________________
    }
    System.out.println(names[i]+" 同学的总分：" + totalScore[i]);
}

//计算排名
int currentRank = 1;
for (int i = 0; i < numberOfStudents; i++) {
    rank[i] = currentRank;
    for(int j = 0; j< numberOfStudents; j++) {
        if (totalScore[i] <totalScore[j]) {

            ____________________________
        }
    }
}

//输出排名结果
for (int i = 0; i < numberOfStudents; i++) {
    System.out.println(names[i] + " 同学的排名是：" + rank[i]);
```

```
    }
    scanner.close( );
```

2. 运行与调试程序

运行并修改代码，排除出现的错误，并在实训项目表 2–1–2 中做好记录。

实训项目表 2–1–2

序号	输入内容	输出结果	是否出错	错误原因	处理方法

六、实训评价

完成本实训项目后，学生展示项目实施成果，讲述或介绍在完成项目过程中的心得体会。从职业素养、专业能力、工作成果等方面对学生进行评价，采用自我评价、小组评价、教师评价相结合的多元评价方式，填写实训项目表 2–1–3。

实训项目表 2–1–3

序号	评价内容	配分 / 分	评价分数		
			自我评价（占比 30%）	小组评价（占比 30%）	教师评价（占比 40%）
1	能正确使用变量	10			
2	能正确使用输入函数	15			
3	能正确创建和使用一维数组	10			
4	能正确创建和使用二维数组	20			
5	能正确使用分支语句	20			
6	能正确使用循环语句	25			
综合得分					

第三章　Java 面向对象基础

第一节　类和对象的基础

一、填空题

1. 在面向对象的思想中，类用于描述一组______的共同特征和行为。
2. 使用________关键字修饰的类的成员方法，用于无法准确描述类的行为特征的情况。
3. 抽象类和抽象方法都必须使用________关键字进行定义。
4. 若一个类中的成员使用________访问权限，则该成员可以在所有类中被访问。
5. 在构造方法中，使用 this 关键字调用其他构造方法的语句必须位于________。
6. 抽象类中不能包含________声明的方法。
7. 当一个类包含了一个抽象方法时，该类必须是________类。
8. 若类中的成员使用了 private 关键字修饰，则该成员只能在______中进行访问。
9. 如果一个类继承自父类，那么该类通过__________关键字实现接口。
10. 在 Java 程序中，使用__________关键字来定义一个类。

二、选择题

1.（　　）是类的成员变量。

A. 描述对象的行为　　B. 描述对象的属性

C. 描述对象的方法　　D. 描述对象的实例

2. 下列选项中，（　　）的情况下不能使用抽象方法。

A. 已经定义了方法体　　B. 方法不需要在子类中实现

C. 需要描述多个子类的通用行为　　D. 方法已经被重写

3. 接口中的默认方法是用（　　）关键字修饰的。

A. static　　B. final　　C. default　　D. abstract

4. 抽象类是用（　　）关键字修饰的。

A. abstract　　B. interface　　C. class　　D. final

5. 在 Java 程序中，使用（　　）关键字修饰的变量默认为常量。

A. final　　B. const　　C. static　　D. protected

6. 子类可以通过（　　）访问父类的 protected 成员。

A. 同一个包　　B. 不同包的子类

C. 外部类　　D. A 和 B 选项均正确

7. 在 Java 程序中，如果没有定义构造方法，那么系统会自动调用（　　）构造方法。

A. 有参　　B. 默认　　C. 私有　　D. 抽象

8. 下列选项中，（　　）访问修饰符不可以附加到抽象方法上。

A. public　　B. private　　C. protected　　D. 默认不写

9. 一个类可以同时实现（　　）个接口。

A. 1　　B. 2

C. N（任意数量）　　D. 以上选项均不正确

三、判断题

1. 类中的 public 成员可以被任何类访问。（　　）
2. 抽象方法可以有方法体。（　　）
3. 一个类只能继承一个父类。（　　）
4. 抽象类不能被实例化。（　　）
5. 接口中定义的变量默认为 public static final。（　　）
6. 同一个包中的类可以访问私有成员。（　　）
7. 子类可以重写父类中的 public( ) 方法。（　　）
8. 所有的类都可以实现多个接口。（　　）
9. 在构造方法中，可以调用其他的构造方法而没有限制。（　　）
10. 接口中可以包含静态方法和默认方法（JDK 8 及以后版本）。（　　）

四、程序设计题

1. 定义一个 Animal 抽象类，包含一个抽象方法 shout( )，并定义两个子类 Cat 和 Dog，分别实现 shout( ) 方法，输出各自的叫声。

测试示例代码如下。

测试示例代码：

```
Animal cat = new Cat( );
Animal dog = new Dog( );
cat.shout( ); // 输出：喵
dog.shout( ); // 输出：汪
```

运行结果如图 3-1-1 所示。

```
喵
汪
```

图 3-1-1

2. 实现一个简单的银行账户类 BankAccount，包含私有属性 balance，提供存款和取款的方法。

测试示例代码如下。

测试示例代码：

```
BankAccount account = new BankAccount( );
account.deposit(100);
account.withdraw(30);
System.out.println(" 余额 : " + account.getBalance( ));
```

运行结果如图 3-1-2 所示。

```
余额: 70.0
```

图 3-1-2

3. 定义一个 Person 类，带有属性 name 和 age，并实现一个有参构造方法，然后在主类中创建一个 Person 对象并输出其属性。

测试示例代码如下。

测试示例代码：

```
Person person = new Person(" 张三 ", 20);
person.introduce( );
```

运行结果如图 3-1-3 所示。

```
我叫：张三，年龄：20
```

图 3-1-3

第二节 类的封装

一、填空题

1. ________是面向对象编程的核心思想之一，主要包含信息隐藏和将属性与行为封装在对象中。

2. 在 Java 程序中，使用权限控制关键字 private 可以将类的属性声明为________。

3. 要访问私有属性，通常需要通过________方法。

4. 在封装中，属性的可见性通常被设置为________，这是为了隐藏细节。

5. 封装的主要作用是隐藏对象内部的复杂性，并提供一个______给外界。

6. 在本节示例中，“stu.setAge(-18);”在输出时会提示______________________。

7. 为了解决成员变量和局部变量之间的同名冲突，在方法中常使用________关键字。

8. 在 setAge() 方法中，代码添加了合法性判断，从而实现了____________________。

9. 对象的属性和行为看作一个整体被封装在________中。

二、选择题

1. 封装主要实现的目标是（　　）。

A. 公开所有类的内部实现　　B. 完成类之间的信息交换

C. 隐藏内部复杂性，提供简单接口　　D. 实现继承

2. 在 Java 程序中，应使用（　　）关键字来声明私有属性。

A. public　　B. private

C. protected　　D. static

3. setAge() 方法中的合法性判断代码用于（　　）。

A. 增强程序的安全性　　B. 改善程序的可读性

C. 提高代码的复用性　　D. 增加方法的灵活性

4. 下列选项中，需要使用 this 关键字的情况是（　　）。

A. 强行调用父类的变量　　B. 在方法内部引用类的私有变量

C. 调用静态方法　　D. 在另一个类中调用当前类的方法

5. get/set() 方法一般用于设置（　　）属性。

A. private　　B. protected　　C. public　　D. default

6. 下列选项中，（　　）不属于封装的优点。

A. 增强代码的复用性　　B. 提高代码的可维护性

C. 增大类的复杂度　　D. 提高系统的可扩展性

7. 封装的另外一个重要概念是（　　）。

A. 方法重载　　B. 信息隐藏

C. 多态　　D. 方法重写

8. 在 Student 类中定义 name 和 age 时，这些变量应该被声明为（　　）。

A. public　　B. private　　C. protected　　D. static

9. setAge() 方法中的条件判断是为了（　　）。

A. 优化程序的性能　　B. 确保 age 属性的值为正数

C. 提高程序的复杂度　　D. 与其他方法相匹配

10. 封装有利于（　　）。

A. 随意访问对象的属性　　B. 实现代码的动态调试

C. 控制属性的访问权限　　D. 随意修改类的实现细节

三、判断题

1. 封装是指将对象的属性和行为分别独立处理。（　　）

2. 在对象封装的过程中，任何外界对私有属性的访问必须通过特定的方法进行实现。（　　）

3. 不使用 this 关键字也能在方法中正确引用类的私有变量。（　　）

4. 在封装设计中，所有的类属性应默认设置为私有。（　　）

5. 在封装设计中，信息隐藏只是次要考虑的问题。（　　）

6. 封装的设计思想是为了隐藏不必要暴露的信息。（　　）

7. get/set() 方法不应加入任何属性合法性检查。（　　）

8. 类的封装使代码更加安全、可靠。 ( )

9. 封装的目的是提高代码的复杂度。 ( )

四、程序设计题

1. 编写一个 Employee 类，将其 salary 属性封装起来，并实现合法性检查，以确保其不能为负数。

测试示例代码如下。

```
测试示例代码：
Employee e1=new Employee( );
e.setSalary(−99);  // 输出 " 工资不能为负数！ "
```

运行结果如图 3-2-1 所示。

```
工资不能为负数!
```

图 3-2-1

2. 实现一个 Car 类，其中包括一个 speed 属性和相应的 get/set( ) 方法，并在 setSpeed( ) 方法中限制最高速度为 200。

测试示例代码如下。

测试示例代码：

```
Car car1=new Car( );
car1.setSpeed(200);
```

运行结果如图 3-2-2 所示。

```
速度不能超过200!
```

图 3-2-2

3. 创建一个 Person 类，包含 age 和 name 属性，通过构造函数初始化这两个属性，然后提供 get/set( ) 方法，其中 setAge( ) 方法需要检查 age 为 0 ~ 120。

测试示例代码如下。

测试示例代码：

```
Person p1=new Person("wang", -16);
```

运行结果如图 3-2-3 所示。

您输入的年龄不合法！

图 3-2-3

第三节 类的继承

一、填空题

1. 在 Java 程序中，________关键字用于声明类的继承。
2. __________可以通过关键字 extends 从父类继承属性和方法。
3. 在 Java 程序中，不允许子类直接访问父类的________成员变量。
4. 当子类需要调用被重写的父类方法时，可以使用关键字________。
5. 在 Java 程序中，使用 final 关键字修饰的方法________被子类重写。
6. 如果一个类被声明为________，那么这个类不能有子类。
7. 使用关键字 super 可以在子类中调用______的构造方法。
8. 一个类 A 是类 B 的父类，同时类 B 是类 C 的父类，则类 C 也称为类______的子类。
9. 在 Java 程序中，一个使用 extends 关键字的示例是“class Dog extends ______”。
10. 如果类中的一个方法被声明为 final，试图在子类中重写该方法将会_________________。

二、选择题

1. 在继承关系中，super 关键字的作用是（　　）。

A. 调用当前类的方法　　B. 创建对象

C. 访问父类的属性和方法　　D. 声明变量

2. 如果使用 final 关键字修饰类，那么表示该类（　　）。

A. 可以被重写　　B. 可以继承其他类

C. 不能有子类　　D. 所有方法都为静态方法

3. 在 Java 程序中，（　　）是有关类不能实现的操作。

A. 一个类扩展多个类　　B. 多层级继承

C. 类方法重写　　D. 使用 super 关键字

4. 父类方法为（　　）的情况下，子类中的方法不能访问父类的方法。

A. public()　　B. protected()

C. private()　　D. default()

5. 如果一个类的方法声明为 final，那么意味着（　　）。

A. 该方法可以被重写　　B. 该方法不可以被重写

C. 该方法必须被重写　　　　　　　　D. 该方法是抽象方法

6. 在继承关系中，对象实例化的过程会调用（　　）。

A. 只有子类的构造器　　　　　　　　B. 只有父类的构造器

C. 先父类后子类的构造器　　　　　　D. 先子类后父类的构造器

7. 当子类的方法具有与父类同名的方法时，称为方法（　　）。

A. 加载　　　B. 覆盖　　　C. 链接　　　D. 调用

8. 使用 final 关键字修饰的变量的特点是其（　　）。

A. 可以被修改　　　　　　　　　　　B. 不能被修改

C. 必须是静态的　　　　　　　　　　D. 必须是公共的

三、判断题

1. 子类可以访问父类的 private 成员变量。（　　）
2. 一个类可以同时继承多个类。（　　）
3. 使用 super 关键字可以访问父类的构造方法和非私有方法。（　　）
4. 在 Java 程序中，final 关键字可以用来修饰类、方法和变量。（　　）
5. 如果 A 类是 final 类，那么它可以有子类。（　　）
6. 方法重写时可以拥有比原方法更严格的访问权限。（　　）
7. 继承可以提高代码的复用性。（　　）
8. 在子类构造的过程中，父类的构造器会被自动调用。（　　）
9. 如果一个方法被声明为 final，那么它可以在子类中被重写。（　　）
10. 在 Java 程序中，使用 extends 关键字即可实现接口继承。（　　）

四、程序设计题

1. 定义一个类 Animal，包含属性 name 和 age，定义一个方法 shout( ) 输出“动物发出声音”，然后定义一个 Dog 类继承自类 Animal，重写 shout( ) 方法输出“汪汪……”，编写这两个类的代码。

测试示例代码如下。

```
测试示例代码：
Dog dog = new Dog( );
dog.shout( );
```

运行结果如图 3-3-1 所示。

```
汪汪汪……
```

图 3-3-1

2. 在上述 Animal 和 Dog 类的基础上，在 Animal 类中增加一个方法 info( )，返回动物的名字和年龄。在 Dog 类中重写这个方法，增加输出狗的颜色。编写类的代码，展示如何创建 Dog 对象并调用 info( ) 方法。

测试示例代码如下。

```
测试示例代码：
Dog dog = new Dog(" 牧羊犬 ", 3, " 黑色 ");
System.out.println(dog.info( ));
```

运行结果如图 3-3-2 所示。

```
名称：牧羊犬， 年龄：3， 颜色：黑色
```

图 3-3-2

3. 使用 final 关键字创建一个不可继承的类 Car，并在其中定义一个 final 方法 drive( ) 表示驾驶行为，编写 Car 类的代码。

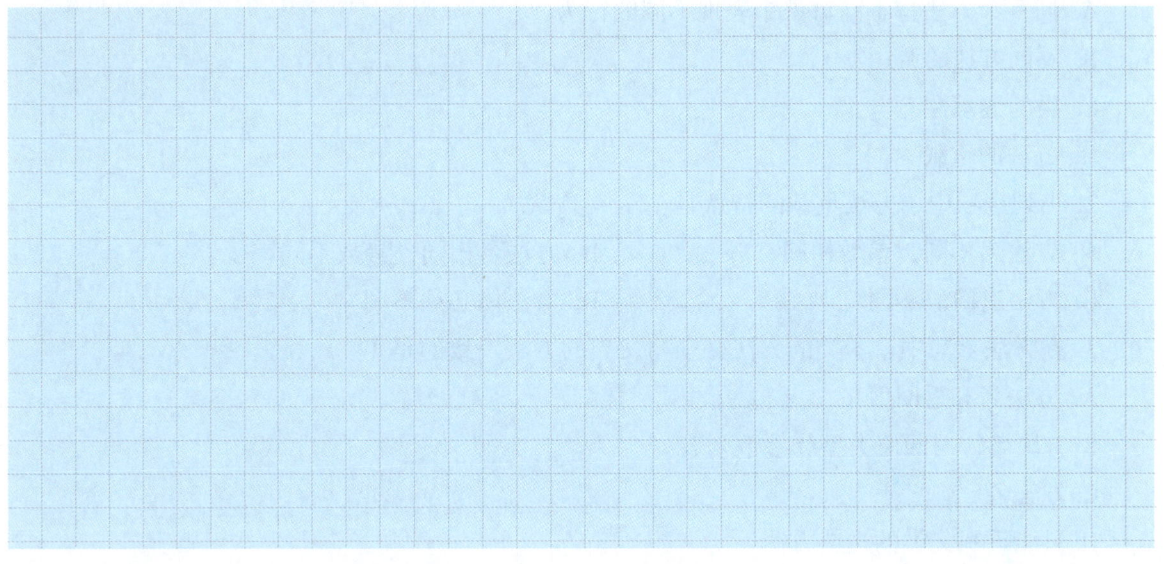

第四节　类的多态

一、填空题

1. 在 Java 程序中，通过____________________实现多态。
2. 方法重载要求方法名相同，参数________不同。
3. 子类重写父类的方法时，必须保持__________一致。
4. 构造方法的重载可以在同一类中定义________或多个构造方法。
5. 在运行时，Java 会根据对象的______________来决定执行相对应的方法。

6. 使用__________关键字可以调用父类被重写的方法。
7. 方法重写通常用于子类需要不同于父类的________时。
8. 多态的实现包括方法重载和方法________。
9. 在本节示例代码中，Student(String name) 的构造方法接受一个__________类型的参数。
10. 重载方法可以有不同的返回________。

二、选择题

1. 在 Java 程序中，多态是指（ ）。
A. 同一个方法在不同对象中表现不同的行为
B. 不同方法的调用
C. 类的继承性
D. 方法的重载
2. 下列选项中，方法重载的特点是（ ）。
A. 方法名不同，参数相同　　B. 方法名相同，参数不同
C. 方法返回值不同　　D. 方法体必须不同
3. 在方法重写中，子类的方法必须与父类的方法一致的是（ ）。
A. 方法名和返回值
B. 方法名、返回值类型和参数列表
C. 方法名
D. 只能重写父类的构造方法
4. 在下列代码中，调用 b.move( ) 方法将输出（ ）。

```
Animal b = new Dog( );
b.move( );
```

A. 动物可以移动　　B. 狗可以跑和走
C. 编译错误　　D. 运行时错误
5. 当使用 super 关键字时，它是指（ ）。
A. 当前类的实例　　B. 父类的方法
C. 同级类的方法　　D. 私有方法
6. 方法重载通常用于（ ）的情况。
A. 当参数个数不同　　B. 当参数类型不同

C. 当需要多个版本的相同操作时　　　　D. 以上选项均正确

7.（　　）是构造方法重载的示例。

A. public void Student(int age)

B. public Student(String name，int age)

C. public int Student( )

D. public String Student(String name)

8. 调用父类方法的正确方式是（　　）。

A. 直接调用　　　　B. 使用 this 关键字

C. 使用 super 关键字　　　　D. 以上选项均不正确

9. 多态的实现不包括（　　）。

A. 方法重载　　　　B. 方法重写

C. 接口实现　　　　D. 属性重载

三、判断题

1. 多态使方法的调用在运行时可根据对象的实际类型决定。（　　）
2. 方法重载需要方法名和参数列表完全相同。（　　）
3. 在方法重写中，子类可以改变父类方法的实现。（　　）
4. 构造方法可以被重载，但不能被重写。（　　）
5. super 关键字可用于调用父类的私有方法。（　　）
6. 多态只能通过方法重载来实现。（　　）
7. 类的构造方法可以没有参数。（　　）
8. 在 Java 程序中，所有的类都是直接或间接继承自 Object 类。（　　）
9. 重写的方法不能抛出比原方法更多的异常。（　　）

四、程序设计题

1. 编写一个 Java 类 Calculator，重载 add( ) 方法，使其可以接受两个整数、两个浮点数或三个整数，并分别返回相应的和。

测试示例代码如下。

测试示例代码：

```
Calculator calc = new Calculator( );
```

```
System.out.println(" 两个整数相加：" + calc.add(2, 3));
System.out.println(" 两个浮点数相加：" + calc.add(2.5, 3.5));
System.out.println(" 三个整数相加：" + calc.add(2, 3, 4));
```

运行结果如图 3-4-1 所示。

```
两个整数相加： 5
两个浮点数相加： 6.0
三个整数相加： 9
```

图 3-4-1

2. 编写一个 Java 类 Shape，定义一个方法 area( )，返回“计算面积”。然后编写一个子类 Rectangle，重写 area( ) 方法，返回“长方形的面积是长乘以宽”。在主类中创建 Shape 和 Rectangle 对象并调用 area( ) 方法，运行结果如图 3-4-2 所示。

```
计算面积
长方形的面积是长乘以宽
```

图 3-4-2

3. 编写一个 Java 类 Employee，定义一个方法 work( )，返回“员工工作”。然后编写一个子类 Manager，重写 work( ) 方法，先调用父类中的 work( ) 方法，然后返回“经理管理团队”。在主类中创建 Manager 对象并调用 work( ) 方法，运行结果如图 3-4-3 所示。

```
员工工作
经理管理团队
```

图 3-4-3

【实训案例 3】学生信息管理

一、填空题

1. 在学生信息管理系统中，学生对象的集合类是________________。
2. 在 Student 类中，用于设置学生姓名的方法是____________。
3. 在 StudentManager 类中，用于查看所有学生信息的方法是______________。
4. 在 Java 程序中，用于存储学生对象的集合类中，元素的顺序是__________的。
5. 在 StudentManager 类中，用于添加学生的方法是______________。
6. 在 Student 类中，用于获取学生年龄的方法是__________。

7. 在 StudentManager 类中，用于删除学生的方法是________________。
8. 在 Student 类中，用于获取学生学号的方法是__________。
9. 在 StudentManager 类中，用于修改学生信息的方法是________________。

二、选择题

1. 在学生信息管理系统中，使用（　　）集合类来存储学生对象是最合适的。

A. HashSet　　B. ArrayList　　C. LinkedList　　D. TreeSet

2.（　　）方法用于在 StudentManager 类中添加学生。

A. deleteStudent()　　B. addStudent()

C. updateStudent()　　D. viewStudents()

3. 在 Student 类中，（　　）方法用于获取学生的姓名。

A. getId()　　B. getName()

C. getAge()　　D. toString()

4. 在 Student 类中，（　　）方法用于设置学生的年龄。

A. setId()　　B. setName()

C. setAge()　　D. toString()

5. 在 Java 程序中，（　　）集合类适用于需要快速访问和删除元素的场景。

A. ArrayList　　B. LinkedList　　C. HashSet　　D. TreeSet

三、判断题

1. 在学生信息管理系统中，可以使用数组来存储学生对象。（　　）
2. 在 StudentManager 类中，addStudent() 方法用于删除学生。（　　）
3. ArrayList 是一个动态数组，可以自动调整大小。（　　）
4. 在 Student 类中，toString() 方法用于返回学生的详细信息。（　　）
5. 在 StudentManager 类中，viewStudents() 方法用于添加学生。（　　）
6. LinkedList 类用于需要频繁插入和删除操作的场景。（　　）
7. 在学生信息管理系统中，学号可以作为学生的唯一标识。（　　）
8. HashSet 类用于需要快速访问和删除元素的场景。（　　）
9. 在 StudentManager 类中，deleteStudent() 方法用于修改学生的信息。（　　）

四、程序设计题

1. 编写一个方法，允许用户通过控制台输入学生的学号、姓名和年龄，并将该学生对象添加到系统中。运行结果如实训案例图 3–1–1 所示。

```
请输入学生的学号：111
请输入学生的姓名：wang
请输入学生的年龄：16
学生信息添加成功!
是否继续添加学生？(yes/no)：no

学生信息如下：
学号: 111, 姓名: wang, 年龄: 16
```

实训案例图 3–1–1

2. 编写一个方法，允许用户通过控制台输入学生的学号，并根据学号删除对应的学生信息。运行结果如实训案例图 3–1–2 所示。

```
请输入学生的学号：001
请输入学生的姓名：wang
请输入学生的年龄：16
学生信息添加成功！
是否继续添加学生？(yes/no)：yes
请输入学生的学号：002
请输入学生的姓名：zhang
请输入学生的年龄：17
学生信息添加成功！
是否继续添加学生？(yes/no)：no
请输入要删除的学生的学号：001
学生信息删除成功！
是否继续删除学生？(yes/no)：no

学生信息如下：
学号： 002， 姓名： zhang， 年龄： 17
```

实训案例图 3-1-2

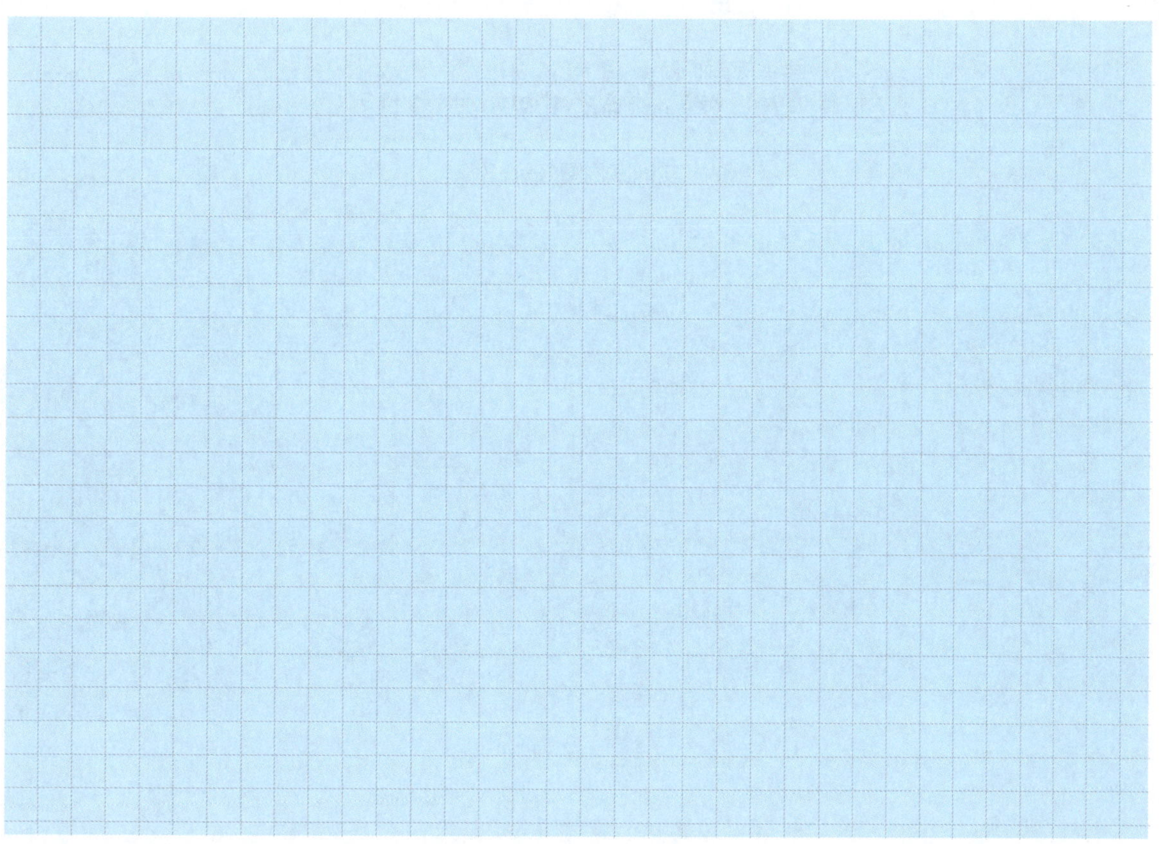

3. 编写一个方法，遍历并打印系统中所有学生的信息，如果系统中没有学生信息，提示用户暂无此学生信息。运行结果如实训案例图 3-1-3 所示。

```
请选择操作：
1. 添加学生
2. 删除学生
3. 查看学生信息
0. 退出
1
请输入学生的学号：001
请输入学生的姓名：shen
请输入学生的年龄：19
学生信息添加成功!

请选择操作：
1. 添加学生
2. 删除学生
3. 查看学生信息
0. 退出
3
学生信息如下：
学号: 001, 姓名: shen, 年龄: 19
```

实训案例图 3-1-3

【实训项目 3】设计图书馆书籍管理系统程序

一、实训目的

1. 掌握面向对象编程的基本思想。
2. 能进行简单的图书馆书籍管理系统的开发。
3. 提高编程能力与系统分析能力。

二、项目描述

设计并实现一个简单的图书馆书籍管理系统，支持图书的“增、删、改、查（CRUD）”功能。用户能够通过控制台界面进行图书信息的管理，包括书名、作者、ISBN 等信息。系统应具备友好的用户界面，使用户能够方便地进行各项操作。

三、实训环境配置

1. Windows 10 操作系统。
2. JDK 17 开发工具包。
3. Eclipse 集成开发环境。

四、实训准备

确保 Eclipse IDE 和 JDK 已安装并配置好 Java 环境变量。

五、项目实施

1. 创建 Java 项目

在 Eclipse 中创建新的 Java 项目，将其命名为“library_management_system”。

2. 创建包和类

在项目内创建包，如 com.library.management。

在包中分别创建 Book、BookManager 和 Main 类。

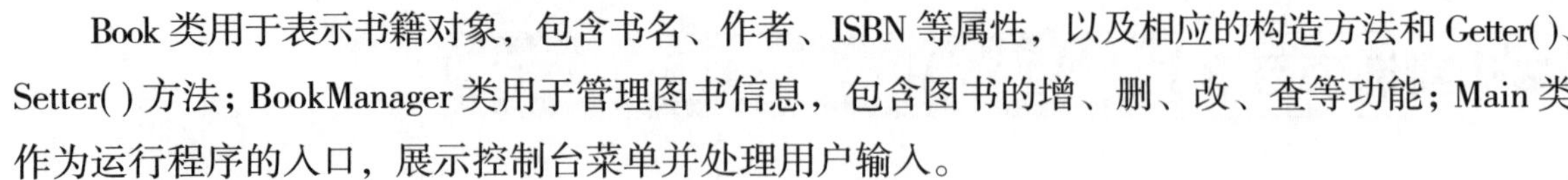

Book 类用于表示书籍对象，包含书名、作者、ISBN 等属性，以及相应的构造方法和 Getter( )、Setter( ) 方法；BookManager 类用于管理图书信息，包含图书的增、删、改、查等功能；Main 类作为运行程序的入口，展示控制台菜单并处理用户输入。

3. 编写代码实现功能

（1）Book 类的编写

（2）BookManager 类的编写

（3）Main 类的编写

4. 运行与调试

运行并修改代码，排除出现的错误，并在实训项目表 3–1–1 中做好记录。

实训项目表 3–1–1

序号	输入内容	输出结果	是否出错	错误原因	处理方法

六、实训评价

完成本实训项目后，学生展示项目实施成果，讲述或介绍在完成项目过程中的心得体会。从职业素养、专业能力、工作成果等方面对学生进行评价，采用自我评价、小组评价、教师评价相结合的多元评价方式，填写实训项目表 3–1–2。

实训项目表 3–1–2

序号	评价内容	配分 / 分	评价分数		
			自我评价（占比 30%）	小组评价（占比 30%）	教师评价（占比 40%）
1	程序书写规范，类和方法设计合理，注释清晰	25			
2	系统能实现基本的增、删、改、查等功能	25			
3	控制台交互友好，菜单清晰易用	25			
4	能够独立或协作解决项目中遇到的技术问题	25			
综合得分					

第四章　Java 常用类库

第一节　字符串类

一、填空题

1. String 类的对象是__________的，因此一旦创建，它们的值就无法更改。

2. StringBuffer 类的所有方法都是________的，因此多线程环境下可以安全地使用。

3. StringBuilder 类与 StringBuffer 类相似，但它不是________安全的。

4. 在 Java 程序中，使用方法________可以将字符数组转换为字符串。

5. String 类中的________方法用于从字符串中去除头尾的空白符。

6. 使用________方法可以判断字符串是否为空。

7. 方法________用于将字符串分割为多个字符串。

8. 在 StringBuffer 类中，方法________用于在指定位置插入字符串。

9. ________方法用于从 StringBuffer 类中删除指定范围内的字符。

10. 三个封装字符串的类位于______________包中。

二、选择题

1.（　　）类用于不可变字符串。

A. StringBuffer　　B. StringBuilder　　C. String　　D. List

2. 在多线程环境下可以安全使用的字符串类是（　　）。

A. StringBuilder　　B. String

C. StringBuffer　　D. ArrayList

3.（　　）方法用于将字符串转换为大写。

A. toUpperCase()　　B. toLowerCase()

C. replace()　　D. split()

4. replace() 方法的功能是（　　）。

A. 删除字符串的一部分　　B. 替换字符串中的字符

C. 增加字符串末尾字符　　D. 拆分字符串

5.（　　）类的所有方法都不是线程安全的。

A. String　　B. StringBuffer　　C. StringBuilder　　D. Vector

6.（　　）方法用于判断两个字符串是否相等。

A. contains()　　B. equals()　　C. isEmpty()　　D. startWith()

7. 在 StringBuffer 类中，（　　）方法用于将字符串追加到末尾。

A. insert()　　B. append()　　C. delete()　　D. trim()

8. substring() 方法用于（　　）类中。

A. String　　B. ArrayList　　C. HashMap　　D. Set

9. 如果需要更高的性能且不考虑线程安全，那么应使用（　　）类。

A. StringBuilder　　B. StringBuffer　　C. String　　D. Hashtable

10.（　　）用于在字符串前加上字符“s”。

A. str.appendStart("s")　　B. str.insert(0，"s")

C. str.replace(0，"s")　　D. str.delete(0)

三、判断题

1. String 类的对象可以被直接修改。（　　）

2. StringBuilder 类比 StringBuffer 类更快。（　　）

3. StringBuffer 类用于单线程的编程环境。（　　）

4. split() 方法将返回一个字符串数组。（　　）

5. 在 String 类中，startsWith() 方法用于判断字符串是否以指定前缀开始。（　　）

6. 使用 deleteCharAt() 方法可以在 StringBuffer 类中删除多个字符。（　　）

7. 在 String 类中，valueOf() 方法可以将其他数据类型转换为字符串。（　　）

8. trim() 方法可以删除字符串中的所有空白符。（　　）

9. StringBuilder 类是线程安全的，因为它的所有方法都是同步的。（　　）

10. 在 String 类中，equals() 方法用于比较字符串的内容而不是引用。（　　）

四、程序设计题

1. 编写 Java 代码，将字符串“123-456”通过 split() 方法分割并输出分割后的每个元素。运行结果如图 4-1-1 所示。

```
123
456
```

图 4-1-1

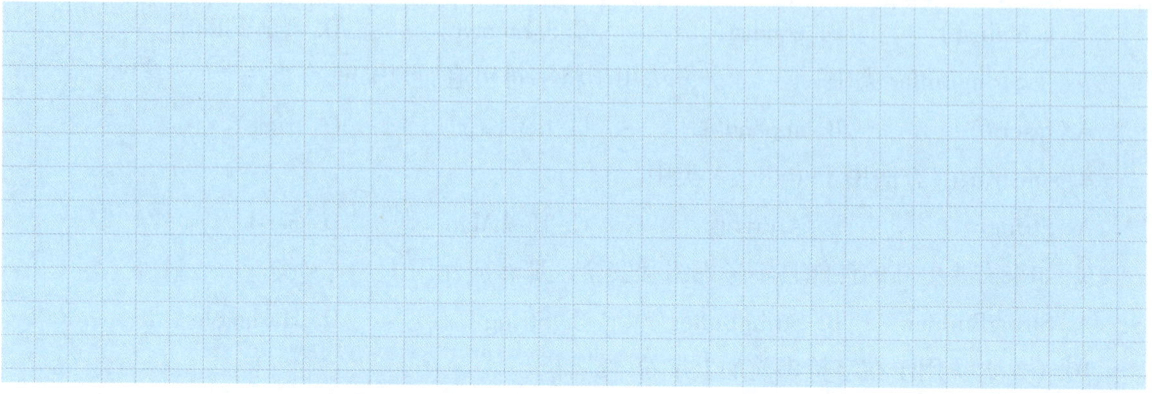

2. 使用 StringBuffer 类编写一个程序，将字符串“Hello，Bob”中的“Bob”删除，然后在末尾添加“World”。运行结果如图 4-1-2 所示。

```
Hello World
```

图 4-1-2

3. 编写一个 Java 程序，判断字符串“JavaProgramming”是否包含子字符串“Program”，并输出结果。运行结果如图 4-1-3 所示。

```
String contains 'Program': true
```

图 4-1-3

【实训案例 4-1】模拟用户登录

一、填空题

1. 在本实训案例中，总共给用户提供了______次尝试登录的机会。
2. 用于定义已知用户名和密码的数据类型是________。
3. 在 Java 程序中，字符串内容的比较应使用__________方法。
4. 在 Eclipse 中，创建 Java 项目的路径是“文件”|“新建”|“____________”。
5. 在 Eclipse 中，创建包的路径是“文件”|“新建”|“______”。
6. 在本实训案例中，定义的包名是______________________。
7. 在本实训案例中，创建的 Java 类名是__________。
8. 在循环中，当用户登录成功时，应使用________语句来结束循环。
9. 在登录失败后，程序会输出用户还有______（填变量表达式）次登录的机会。
10. 当用户用完所有登录次数后，程序会输出“______________________”。

二、选择题

1. 在本实训案例中，用于实现用户登录功能的 Java 工具是（　　）。

A. Eclipse　　B. Scanner　　C. Java SE　　D. JDBC

2.（　　）方法用于比较两个字符串的内容是否相同。

A. compareTo()　　B. equalsIgnoreCase()

C. equals()　　D. length()

3. 在 Java 程序中，(　　) 类用于实现键盘录入。

A. Input　　B. Output　　C. Scanner　　D. Buffer

4. 在 for 语句循环中，用于控制循环次数的变量通常被称为 (　　)。

A. 索引变量　　B. 计数器　　C. 迭代变量　　D. 条件变量

5. 在本实训案例中，登录成功后输出的提示信息是 (　　)。

A. 登录失败　　B. 用户名或密码错误

C. 登录成功，欢迎您：用户名　　D. 请输入用户名和密码

6. (　　) 语句用于结束 for 语句循环的执行。

A. continue　　B. break　　C. return　　D. exit

7. 在 Java 程序中，用于创建对象的语句是 (　　)。

A. Class className = new className()

B. ClassName className = new ClassName()

C. class className = className()

D. ClassName className

8. 在本实训案例中，用于存储用户名和密码的变量类型是 (　　)。

A. Int　　B. double　　C. String　　D. boolean

9. (　　) 选项不是 Java 的基本数据类型。

A. int　　B. double　　C. String　　D. boolean

三、判断题

1. 在 Eclipse 中创建 Java 项目时，项目名可以包含特殊字符，如“@”“#”等。(　　)

2. 在 Java 程序中，Scanner 类用于从控制台获取用户输入。(　　)

3. 在本实训案例中，用户名和密码的比较是不区分大小写的。(　　)

4. 在 Eclipse 中，在一个 Java 项目下可以创建多个包。(　　)

5. 在本实训案例中，如果用户连续 3 次登录失败，程序会输出“请重新输入用户名和密码”。(　　)

6. 在 Java 程序中，字符串类型的变量可以直接使用“==”运算符进行比较。(　　)

7. 在 Eclipse 中，创建 Java 类的文件扩展名是“.java”。(　　)

8. 在本实训案例中，每次循环都会重新定义用户名和密码。(　　)

9. 在 Java 程序中，for 语句循环可以用于实现多次尝试登录的功能。(　　)

四、程序设计题

1. 编写一个 Java 程序，要求用户输入用户名和密码，并验证是否与预设的用户名“admin”和密码“123456”相匹配。如果匹配，那么输出“登录成功”；如果不匹配，那么输出“用户名或密码错误”。注意，用户只有 3 次输入机会。运行结果如实训案例图 4–1–1 所示。

```
请输入用户名：
admin
请输入密码：
123
用户名或密码错误，您还有 2 次尝试机会。
请输入用户名：
admin
请输入密码：
12345
用户名或密码错误，您还有 1 次尝试机会。
请输入用户名：
admin
请输入密码：
123456
登录成功
```

实训案例图 4–1–1

2. 编写一个 Java 程序，模拟一个简单的用户注册系统。用户需要输入用户名和密码，程序会检查用户名是否已存在（预设用户名“user1”已存在）。如果用户名已存在，那么提示用户重新输入；如果用户名不存在，那么注册成功并输出“注册成功”，用户有 3 次输入机会。运行结果如实训案例图 4-1-2 所示。

```
请输入用户名：
user1
用户名已存在，请重新输入。
请输入用户名：
user1
用户名已存在，请重新输入。
请输入用户名：
user2
请输入密码：
123
注册成功
```

实训案例图 4-1-2

3. 编写一个 Java 程序，实现一个简单的用户登录验证功能。用户有 3 次输入机会，如果 3 次都输入错误，那么程序结束。用户名和密码存储在数组中，用户输入的用户名和密码需要与数组中的某个元素完全匹配才算登录成功。运行结果如实训案例图 4–1–3 所示。

```
请输入用户名： abc
请输入密码： 123
用户名或密码错误。您还有 2 次机会。
请输入用户名： user1
请输入密码： password2
用户名或密码错误。您还有 1 次机会。
请输入用户名： user1
请输入密码： password1
登录成功!
```

实训案例图 4-1-3

第二节 System 类和 Runtime 类

一、填空题

1. System 类提供的属性和方法都是________的。
2. 使用 System 类中的____________方法可以将消息打印到控制台。
3. 在 arraycopy( ) 方法的参数中，________是目标数组的起始位置。
4. currentTimeMillis( ) 方法返回的时间戳单位是________。
5. System.getProperties( ) 方法返回一个__________对象。
6. 通过调用________方法，可以通知 Java 虚拟机进行垃圾回收。
7. 在 Java 程序中，时间戳表示的是当前时间与 1970 年 1 月 1 日之间的时间差，单位是________。
8. Runtime 类的对象可以通过________方法来执行系统命令。
9. “System.out.println( );”语句是用于________结果的。
10. System.gc( ) 方法用于请求 Java 虚拟机执行______________操作。

二、选择题

1. 下列选项中，(　　) 不是 System 类提供的功能。

A. 与系统相关的属性信息　　B. 字符串格式化

C. 数组拷贝　　D. 获取当前时间戳

2. 在 arraycopy() 方法中，(　　) 参数表示源数组中要复制的元素的个数。

A. srcPos　　B. destPos　　C. src　　D. length

3. 下列选项中，(　　) 方法用于获取当前系统所有的属性。

A. System.getProperties()　　B. System.getAllAttributes()

C. System.getParameters()　　D. System.currentProperties()

4. currentTimeMillis() 方法返回值的类型是（　　）型。

A. int　　B. double　　C. float　　D. long

5. 垃圾回收的调用可以通过（　　）方法实现。

A. System.runGC()　　B. System.collect()

C. System.cleanup()　　D. System.gc()

6. arraycopy() 方法在两个数组之间复制数据时，(　　) 是目的数组。

A. src　　B. dest　　C. srcPos　　D. length

7. 在 Java 程序中，标准输出流通常是用（　　）字段实现的。

A. System.in　　B. System.err　　C. System.out　　D. System.log

8. 选择正确的时间表示方式：1970 年 1 月 1 日以来的毫秒数是（　　）。

A. Unix 时间戳　　B. GMT 时间值

C. Internet 时间　　D. World Time Standard

9. 可以确保立即进行垃圾回收的唯一方法是（　　）。

A. 调用 System.gc() 方法保证垃圾回收立即发生

B. Java 虚拟机自动执行

C. 手动删除无用对象

D. 使用 C++ 的删除关键字

三、判断题

1. System 类中的方法是实例方法，必须创建 System 类的对象才能使用。（　　）

2. arraycopy() 方法用于将字符串从一个数组复制到另一个数组。（　　）

3. 在 Java 程序中，获取当前时间戳时可以使用 System.currentTimeMillis() 方法。（　　）

4. 通过 System.gc() 方法可以强制 Java 虚拟机进行垃圾回收。（　　）

5. getProperties() 方法返回的对象是 HashMap 类型。（　　）

6. Runtime 类中的 exec() 方法可以用于执行外部应用程序。（　　）

7. currentTimeMillis( ) 方法返回的值可以作为精准的计时器使用。（　　）

8. System.out( ) 方法可以直接用来输出错误信息。（　　）

9. 调用 System.gc( ) 方法是请求垃圾回收而不是保证垃圾回收。（　　）

10. Runtime 类没有无参构造函数，不能用于直接创建实例。（　　）

四、程序设计题

1. 使用 System.arraycopy( ) 方法，从一个整数数组中复制一部分数据到另一个数组中，并打印出目标数组的内容。运行结果如图 4-2-1 所示。

测试示例：

```
int[ ] fromArray = {1, 2, 3, 4, 5};
int[ ] toArray = {10, 11, 12, 13, 14};
System.arraycopy (fromArray, 1, toArray, 2, 3);
```

```
复制后的数组元素为：
0: 10
1: 11
2: 2
3: 3
4: 4
```

图 4-2-1

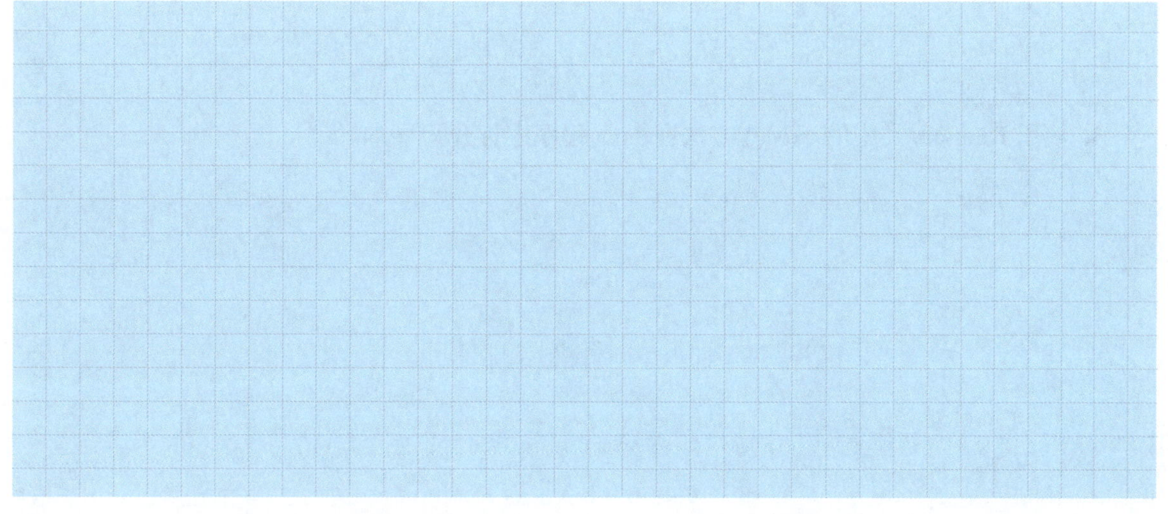

2. 使用 System.currentTimeMillis( ) 方法测量程序执行时间。可以编写一个简单的循环，并计算该循环的执行时间。运行结果如图 4-2-2 所示。

测试示例：

```
long startTime = System.currentTimeMillis( );
int sum = 0;
for (int i = 0; i < 1000000; i++) {
    sum += i;
}
long endTime = System.currentTimeMillis( );
```

程序运行的时间为：**3**毫秒

图 4-2-2

3. 使用 Runtime 类中的 exec( ) 方法在 Java 程序中打开记事本。

第三节　Math 类与 Random 类

一、填空题

1. Math 类的 abs( ) 方法用于计算__________。

2. 使用 Random 类可以生成的基本数据类型包括 boolean、int、__________、float、byte 数组以及 double。

3. Math.ceil(5.6) 的结果是__________。

4. Math.sqrt(4) 的结果是__________。

5. Random 类的 nextInt(int n) 方法返回值的范围是由__________到__________。

6. Math.round(2.5) 的结果是__________。

7. 要生成 0 ~ 100 的一个随机整数，可以使用 Random 类的__________方法。

8. Math.max(2.1，-2.1) 的结果是__________。

9. Math.floor(-4.2) 的结果是__________。

10. Random 类的 nextDouble( ) 方法用于生成__________ ~ 1.0 的一个随机数。

二、选择题

1. Math.random( ) 方法返回值的类型是（　　）型。

A. Int　　B. float　　C. double　　D. long

2. Math.pow(2, 3) 的结果是（　　）。

A. 6　　B. 8　　C. 9　　D. 12

3.（　　）方法是 Random 类的方法。

A. sqrt( )　　B. abs( )　　C. nextFloat( )　　D. ceil( )

4. Math.min(2.1，-2.1) 的结果是（　　）。

A. -2.1　　B. 0.0　　C. 2.1　　D. 1.0

5.（　　）方法用于生成一个随机的 float 类型的值。

A. Random.nextDouble( )　　B. Random.nextInt( )

C. Math.random( )　　D. Random.nextFloat( )

6. Math.floor(3.7) 的结果是（　　）。

A. 3.0　　B. 3.7　　C. 4.0　　D. 3

7. 使用 Random 类获取一个大于 0.0 而小于 1.0 的 double 值，可以使用（　　）方法。

A. nextInt( )　　B. nextFloat( )

C. nextDouble( )　　D. random( )

8. ceil( ) 方法属于（　　）类。

A. Random　　B. Math　　C. String　　D. System

9. Math 类的（　　）方法用于指数运算。

A. sqrt( )　　B. round( )　　C. pow( )　　D. abs( )

10. Math.floor(5.8) 的结果是（　　）。

A. 5.8　　B. 6.0　　C. 5.0　　D. 7.0

三、判断题

1. Math.random( ) 方法生成的值包括 1.0。（　　）
2. Math.min( ) 方法可以接受两个参数并返回它们的较小者。（　　）
3. Random 类无法生成 boolean 类型的随机值。（　　）
4. Math.abs(-10) 的结果是负数。（　　）
5. nextInt( ) 方法会生成负数和正数。（　　）
6. Math.sqrt(9) 的结果是 3。（　　）
7. Random 类可以生成 double 类型的随机数。（　　）
8. Math.ceil(2.1) 的结果是 2。（　　）
9. nextInt(int n) 方法永远返回大于等于 0 的整数。（　　）
10. Math.pow(3，2) 的结果是 6。（　　）

四、程序设计题

1. 编写一个 Java 程序，使用 Random 类生成并打印 10 个 0 到 50 之间的随机整数。运行结果如图 4-3-1 所示。

```
Random Integer: 42
Random Integer: 26
Random Integer: 19
Random Integer: 15
Random Integer: 6
Random Integer: 6
Random Integer: 16
Random Integer: 29
Random Integer: 3
Random Integer: 16
```

图 4-3-1

2. 编写一个 Java 程序，使用 Math 类的方法计算 2 的 10 次方以及 25 的平方根并打印结果。运行结果如图 4-3-2 所示。

```
2 to the power of 10 is: 1024.0
Square root of 25 is: 5.0
```

图 4-3-2

3. 编写一个 Java 程序，生成 5 个 0.0 到 1.0 的随机 double 值，使用 Math.round( ) 方法四舍五入这些值并打印。运行结果如图 4-3-3 所示。

```
Random Double: 0.431727211111419, Rounded: 0.43
Random Double: 0.3171490368203834, Rounded: 0.32
Random Double: 0.4175195687051183, Rounded: 0.42
Random Double: 0.49869712845891845, Rounded: 0.5
Random Double: 0.5836827669741831, Rounded: 0.58
```

图 4-3-3

第四节 日期时间类

一、填空题

1. LocalDate 类用于表示________，通常表示年份和月份。

2. Instant 类代表的是____________。

3. Duration 类用于测量基于______的时间量。

4. LocalDate 类的实例可以通过________方法获取当前日期。

5. Period 类可以用来计算日期之间的差异，只能精确到______。

6. LocalDate 类中的 getMonthValue( ) 方法返回的月份值范围是________。

7. Instant 类可以通过 ofEpochSecond(long epochSecond) 方法从计算时代开始的秒数获得________实例。

8. 使用 DateTimeFormatter 格式化 LocalDateTime 实例，格式化模式为“yyyy 年 MM 月 dd 日 HH 时 mm 分 ss 秒”，结果中的时间部分表示__________。

9. LocalDate 类的 isLeapYear( ) 方法用于判断某一年是否为________。

10. ________类用于查询当前时刻。

二、选择题

1. (　　) 类用于表示不含日期的时间。

A. LocalDate　　B. LocalTime　　C. Instant　　D. Period

2. “LocalDate.of(2020，12，12)”语句会生成一个 (　　) 类型的对象。

A. Instant　　B. LocalDateTime　　C. LocalTime　　D. LocalDate

3. LocalDate 类使用 (　　) 方法格式化日期。

A. parse( )　　B. toString( )　　C. format( )　　D. get( )

4. (　　) 类用于表示两个日期之间完整的年月日差异。

A. Duration　　B. Instant　　C. Period　　D. Clock

5. (　　) 方法可以从系统时钟获取当前时刻的 Instant 对象。

A. Instant.ofEpochSecond( )　　B. Instant.now( )

C. LocalDateTime.now( )　　D. Clock.systemUTC( )

6. LocalDateTime 类的 toLocalDate() 方法返回（　　）类型的实例。

A. LocalDateTime　B. LocalDate　C. LocalTime　D. Instant

7. 使用（　　）方法可以将日期字符串“2020-02-01”解析为 LocalDate 对象。

A. parse()　B. format()　C. of()　D. withYear()

8. LocalDate 实例通过 plusYears(1) 方法可以实现（　　）的操作。

A. 获取前一年　B. 获取下个月　C. 增加一年　D. 减少一年

9. Instant 类通过（　　）方法获取从计算时代获取的秒数。

A. getNano()　B. getEpochMilli()

C. getEpochSecond()　D. from()

10. 需要判断日期是否在某个日期之后，应使用 LocalDate 类的（　　）方法。

A. isBefore()　B. equals()　C. isLeapYear()　D. isAfter()

三、判断题

1. LocalTime 类可以用来表示具体的年份和月份。（　　）

2. Instant 类的对象可以精确到纳秒。（　　）

3. LocalDate 类的 minusDays(10) 方法会将日期对象减少 10 天。（　　）

4. Instant 类中的 getEpochSecond() 方法从时间线获得纳秒的数量。（　　）

5. 使用 LocalDateTime.now() 方法可以获取不含日期的时间。（　　）

6. Period. between() 方法能够精确计算两个日期之间的天数。（　　）

7. LocalDate 类可以通过 withYear(2014) 方法指定新的年份。（　　）

8. LocalDate 和 LocalDateTime 是相同的类，可以互换使用。（　　）

9. Instant 类的 ofEpochMilli() 方法可以从计算时代开始的毫秒数获得 Instant 实例。（　　）

10. LocalDate.now() 方法将会返回一个 LocalDate 类型的对象。（　　）

四、程序设计题

1. 编写一个程序，获取当前日期，并将这个日期加 5 天，按“yyyy/MM/dd”格式输出。运行结果如图 4-4-1 所示。

```
5天后的日期: 2024/10/24
```

图 4-4-1

2. 编写一个程序，使用 LocalDate 类判断给定的年份是否为闰年。运行结果如图 4-4-2 所示。

```
请输入年份: 2024
年份 2024 是否为闰年: 是
```

图 4-4-2

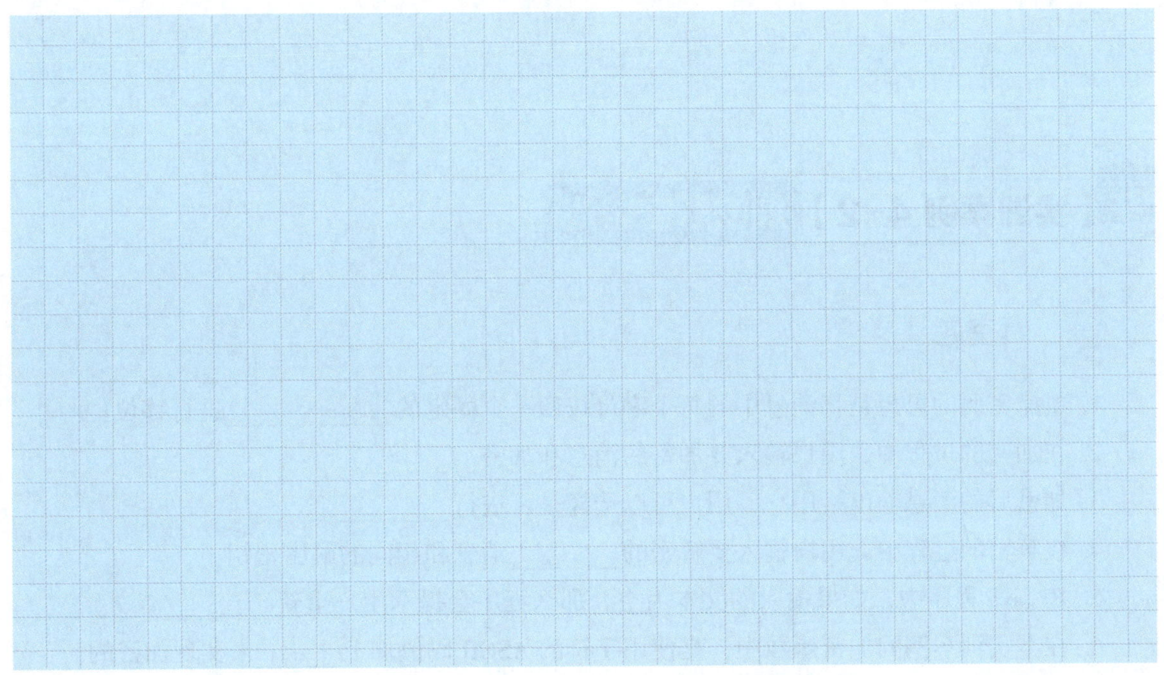

3. 编写一个程序，使用 Instant 类获取当前时间戳，并输出这个时间戳的秒数和纳秒数。运行结果如图 4-4-3 所示。

```
当前时间戳为： 2024-10-19T02:44:09.376691600Z
时间戳的秒数： 1729305849
时间戳的纳秒数： 376691600
```

图 4-4-3

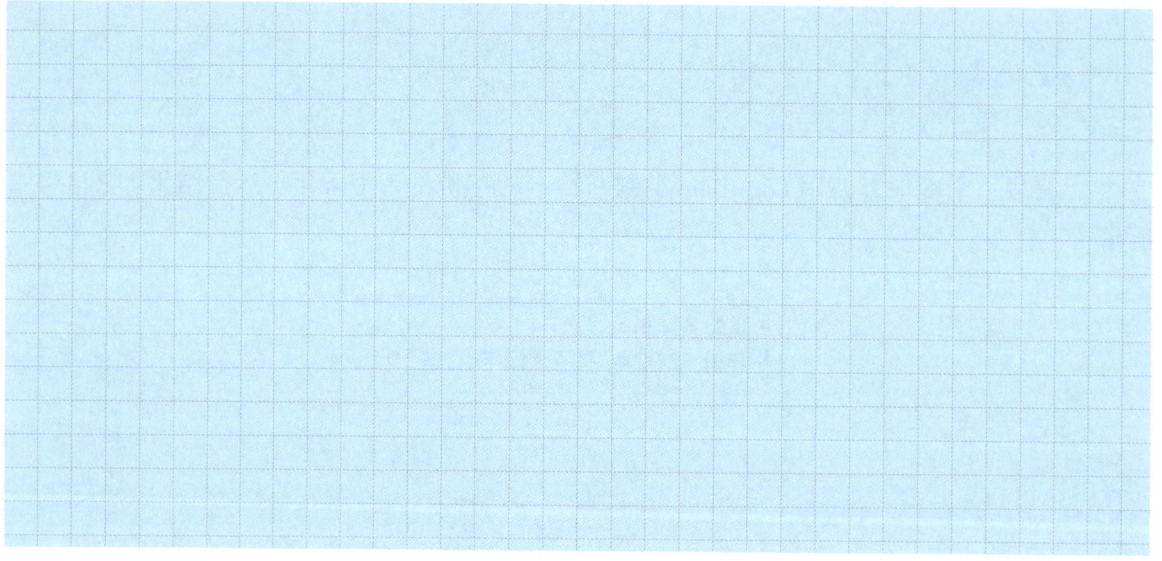

【实训案例 4-2】加密解密游戏

一、填空题

1. 凯撒密码的思想是将消息中的每个字母按照一个固定的＿＿＿＿＿＿进行移位。
2. 在加密的过程中，用户输入要加密的消息和加密＿＿＿＿。
3. 加密后的消息输出给用户，用户可以选择是否进行＿＿＿＿。
4. 在解密的过程中，用户输入要解密的＿＿＿＿消息和相同的解密密钥。
5. 在 Java 程序中，如果输入的文本为空，那么程序会提示用户重新＿＿＿＿。
6. 在本实训案例的加密函数中，是使用字符的 ASCII 码值加上＿＿＿来实现加密的。

7. 非字母字符在加密、解密的过程中会______________。

8. 解密操作即将加密后字符的 ASCII 码值______一个固定值。

9. 主程序的入口函数是________。

10. 程序输出提示“欢迎来到加密解密游戏！”是通过__________________方法实现的。

二、选择题

1. 凯撒密码的主要思想是（　　）。

A. 替换字母　　B. 按照固定偏移量移位字母

C. 随机移位字母　　D. 替换为特殊字符

2. 在加密的过程中，字母的 ASCII 码值（　　）。

A. 减去偏移量　　B. 加上偏移量　　C. 保持不变　　D. 随机变化

3. 在解密的过程中，加密后的字母（　　）。

A. 加上偏移量　　B. 减去偏移量　　C. 随机移位　　D. 反转字母

4. 程序中使用的偏移量是（　　）。

A. 2　　B. 3　　C. 4　　D. 5

5. 在主程序中，用户输入的文本为空时，程序会（　　）。

A. 直接退出　　B. 提示重新输入

C. 忽略空输入　　D. 抛出异常

6. 如果用户选择加密操作，那么程序接下来会询问（　　）。

A. 是否需要解密　　B. 是否需要再次加密

C. 是否需要保存结果　　D. 是否需要退出

7. 程序中使用的输入类是（　　）。

A. BufferedReader　　B. Scanner

C. InputStreamReader　　D. Console

8. 在加密函数中，使用（　　）类来构建加密结果。

A. String　　B. StringBuilder　　C. StringBuffer　　D. CharSequence

三、判断题

1. 凯撒密码可以加密字母和数字。（　　）

2. 在加密的过程中，非字母字符保持不变。（　　）

3. 解密过程是加密过程的逆过程。 ( )
4. 偏移量可以是任意整数。 ( )
5. 在 Java 程序中，加密和解密使用的是相同的偏移量。 ( )
6. 在解密的过程中，字母的 ASCII 码值加上偏移量。 ( )
7. 用户可以直接输入加密后的文本进行解密。 ( )
8. 在 Java 程序中，用户可以选择多次加密同一段文本。 ( )

四、程序设计题

1. 编写一个 Java 程序，实现凯撒密码的加密功能。用户输入要加密的文本和一个固定的偏移量 3，程序输出加密后的文本。运行结果如实训案例图 4-2-1 所示。

```
请输入要加密的文本：wang123
加密结果：zdqj456
```

实训案例图 4-2-1

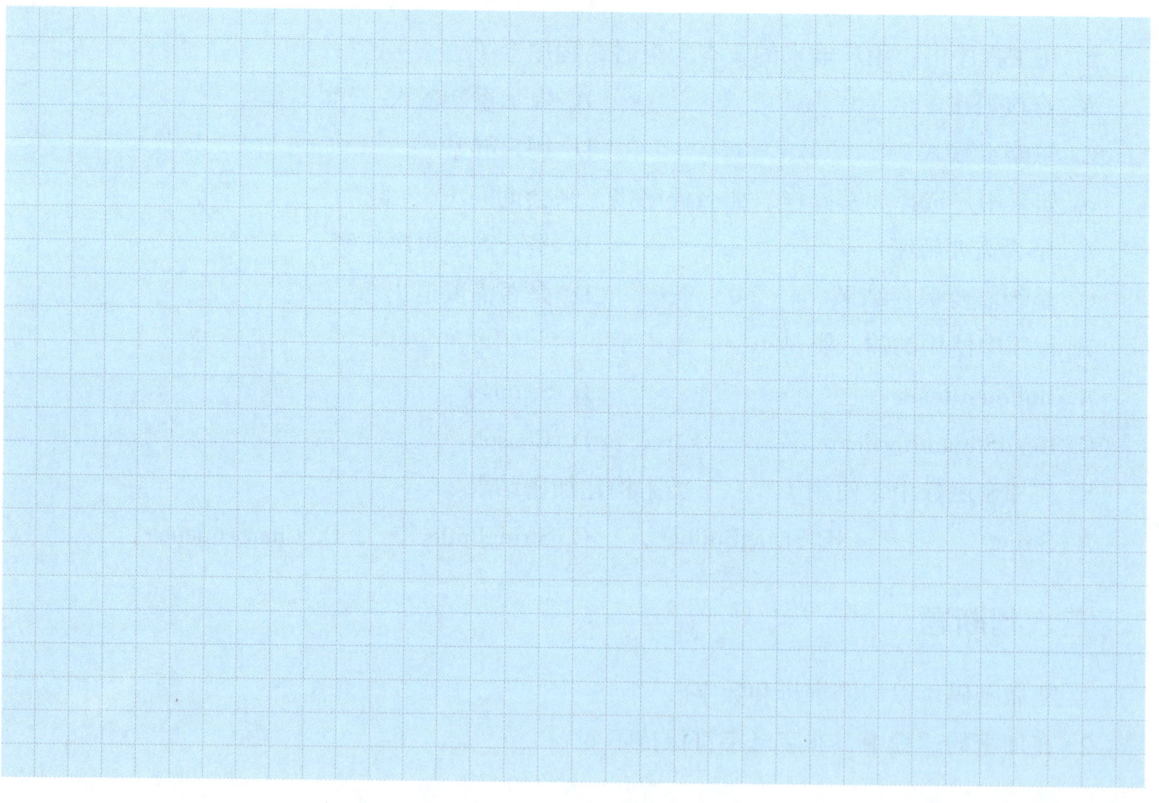

2. 编写一个 Java 程序，实现凯撒密码的解密功能。用户输入已经加密的文本和一个固定的偏移量 3，程序输出解密后的文本。运行结果如实训案例图 4-2-2 所示。

```
请输入要解密的文本：zdqj456
解密结果：wang123
```

实训案例图 4-2-2

3. 编写一个 Java 程序，允许用户选择加密或解密操作。用户输入文本和一个固定的偏移量 3，程序根据用户的选择进行加密或解密操作，并输出结果。运行结果如实训案例图 4-2-3 所示。

```
欢迎来到加密解密游戏!
请输入要加密或解密的文本：wang123
请选择操作：（1. 加密 2. 解密 ）1
加密结果：zdqj456
是否继续操作？（Y/N）y
请输入要加密或解密的文本：zdqj456
请选择操作：（1. 加密 2. 解密 ）2
解密结果：wang123
是否继续操作？（Y/N）
```

实训案例图 4-2-3

【实训项目 4】设计员工登录的密码加密解密程序

一、实训目的

1. 掌握加密解密算法原理。
2. 实现用户登录功能，并对密码进行加密和解密处理。
3. 提高编程能力与系统分析能力。

二、项目描述

实现一个简单的员工登录系统，要求对用户输入的密码进行加密存储和解密验证，系统提供以下功能。

1. 用户登录

用户输入用户名和密码，系统对密码进行解密验证。

2. 加密存储

系统在用户注册时对密码进行加密存储。

3. 解密验证

登录时，系统对用户输入的密码进行解密并与存储的密码进行比较。

三、实训环境配置

1. Windows 10 操作系统。
2. JDK17 开发工具包。
3. Eclipse 集成开发环境。

四、实训准备

确保 Eclipse IDE 和 JDK 已安装并配置好 Java 环境变量。

五、项目实施

1. 创建 Java 项目

在 Eclipse 中创建一个新的 Java 项目，命名为“EmployeeLoginSystem”。

2. 创建包和类

在项目中创建包 com.czjsy.employee_login，在包中创建两个类：EncryptionDecryption（用于密码的加密、解密）和 EmployeeLogin（用于登录功能）。

3. 代码编写

（1）EncryptionDecryption 类的编写

（2）EmployeeLogin 类的编写

4. 运行与调试

运行并修改代码，排除出现的错误，并在实训项目表 4-1-1 中做好记录。

实训项目表 4-1-1

序号	输入内容	输出结果	是否出错	错误原因	处理方法

六、实训评价

完成本实训项目后，学生展示项目实施成果，讲述或介绍在完成项目过程中的心得体会。从职业素养、专业能力、工作成果等方面对学生进行评价，采用自我评价、小组评价、教师评价相结合的多元评价方式，填写实训项目表 4-1-2。

实训项目表 4-1-2

序号	评价内容	配分 / 分	评价分数		
			自我评价（占比 30%）	小组评价（占比 30%）	教师评价（占比 40%）
1	代码是否模块化，是否遵循良好的编程实践	30			
2	用户登录功能是否正常，加密、解密功能是否正确	40			
3	是否处理了无效输入和异常情况	20			
4	代码是否包含适当的注释，便于理解和维护	10			
综合得分					

第五章　Java 异常处理

第一节　异常处理概述

一、填空题

1. ____________是指程序在运行的过程中出现了非正常的情况。

2. 当试图访问对象的属性或调用对象的方法，但该对象为 null 时，会抛出________________________异常。

3. 在 Java 程序中，__________类可以作为所有异常类抛出的根类。

4. 异常的处理方式一般分为__________与__________两部分。

5. 在 Java 程序中，________用来捕获 try 语句块中发生的异常。

6. 当数组访问超出其边界时，Java 将抛出__________________________异常。

7. finally 块中的代码在异常发生与否的情况下____________。

8. FileNotFoundException 异常是__________的直接子类。

9. ________块中一旦发生异常，程序会跳转到对应的 catch 块处理异常。

10. 当尝试除以零时，Java 将抛出__________________异常。

二、选择题

1. Java 异常类体系的根类是（　　）。

A. Exception　　B. IOException　　C. Throwable　　D. RuntimeException

2. 在 Java 程序中，（　　）关键字用于声明一个可能会抛出的异常。

A. try　　B. catch　　C. throws　　D. finally

3.（　　）异常是在尝试访问数组的非法索引时抛出的。

A. NullPointerException　　B. ArrayIndexOutOfBoundsException

C. ClassCastException　　D. NumberFormatException

4.（　　）异常是在尝试将字符串转换为数字，但格式不正确时抛出的。

A. NumberFormatException　　B. IllegalArgumentException

C. ArrayIndexOutOfBoundsException　　D. NullPointerException

5. 在 Java 的异常处理中，（　　）块用于执行清理代码，无论是否发生异常都会执行。

A. try　　B. catch　　C. throws　　D. finally

6. 如果没有异常发生，那么 try 块后面会执行（　　）块。

A. catch　　B. finally　　C. throw　　D. throws

7. NumberFormatException 异常是（　　）类的直接子类。

A. IOException　　B. IllegalArgumentException

C. SQLException　　D. Exception

8. ArrayIndexOutOfBoundsException 异常属于（　　）异常类的直接子类。

A. IndexOutOfBoundsException　　B. IOException

C. Exception　　D. Throwable

9. 如果 try 块中抛出异常，那么程序会（　　）。

A. 跳过所有剩余代码　　B. 跳到 catch 块

C. 继续执行剩余代码　　D. 抛出异常并终止程序

三、判断题

1. 在 Java 程序中，异常类体系以 Exception 类为根。（　　）

2. 在 Java 程序中，异常处理机制允许程序在运行时检测并处理错误情况。（　　）

3. throw 关键字用于在方法中实际抛出一个异常对象。（　　）

4. 在 Java 程序中，栈溢出异常（StackOverflowError）通常是程序中存在无限递归调用或过深的递归调用层次，导致调用栈无法容纳更多的方法调用而引发的。（　　）

5. catch 块用于捕获并处理特定类型的异常，但一个 try 块后只能有一个 catch 块。（　　）

6. 一个方法不能同时抛出多种不同类型的异常。（　　）

7. catch 块的顺序很重要，应该先捕获子类异常，再捕获父类异常。（　　）

8. try…catch 结构可以嵌套使用。（　　）

9. IOException 异常是 RuntimeException 异常类的子类。（　　）

四、程序设计题

编写一个方法 printStringLength(String input)，该方法打印传入字符串的长度。要求如下。

（1）如果传入的字符串为 null，捕获 NullPointerException 异常并输出“字符串为空”的提示。

（2）无论是否发生异常，方法最后都输出“操作结束”。

测试示例代码如下。

```
测试示例代码：
printStringLength("Hello, World!");   // 输出字符串的长度是 13 和“操作结束”
printStringLength(null);              // 输出字符串为空和“操作结束”
```

运行结果如图 5-1-1 所示。

```
字符串的长度是: 13
操作结束
字符串为空
操作结束
```

图 5-1-1

第二节 异常的处理过程

一、填空题

1. throw 语句用于在程序中显式地抛出______对象。

2. 一个 try 代码块可以有多个______块来捕获不同类型的异常。

3. 如果一个方法在其内部可能抛出 IOException 异常，但没有在方法内部处理异常，该方法声明应包含________ IOException。

4. try…catch 语句可以处理___________及其子类的异常。

5. try…catch 语句必须至少有一个______ 或 finally 块。

6. throws 关键字可以同时声明多个异常类型，用______分隔。

7. finally 块经常用于________（如文件关闭、数据库连接等）。

8. catch 块的参数必须是________或其子类的对象。

9. throw 关键字后面必须跟随________，如 throw new Exception()。

10. 如果 catch 块中抛出异常，那么 finally 块中的代码仍然会被______。

二、选择题

1.（　　）语句用于在方法内部抛出一个异常。

A. throw new Exception("Error message")

B. throws new Exception("Error message")

C. try new Exception("Error message")

D. catch new Exception("Error message")

2. 如果一个方法可能抛出 IOException 和 SQLException 异常，它应该采用（　　）语句声明这些异常。

A. throws IOException，SQLException　　B. throws IOException SQLException

C. throw IOException，SQLException　　D. throw IOException；throw SQLException

3.（　　）块中的代码会在异常发生时执行。

A. try　　B. catch　　C. throws　　D. finally

4. 如果一个 catch 块捕获了一个异常但没有处理它，而想重新抛出这个异常，应该使用（　　）关键字。

A. throw　　B. throws　　C. rethrow　　D. rethrows

5. 下列选项中，(　　) 不是 Java 程序中异常处理机制的一部分。

A. try　　B. catch　　C. finally　　D. else

6. (　　) 异常不是 Exception 异常类的子类。

A. IOException　　B. RuntimeException

C. Error　　D. SQLException

7. 当一个方法内部发生异常，而该异常没有在方法内部被捕获时，(　　)。

A. 程序会崩溃　　B. 异常被传递给调用者

C. 方法返回 null　　D. 方法返回默认值

8. (　　) 关键字不能用于异常处理。

A. try　　B. catch　　C. throws　　D. throwIf

9. 在 Java 程序中，如果 finally 块中存在 return 语句，那么 try 或 catch 块中的 return 语句 (　　)。

A. 仍然执行　　B. 被忽略　　C. 产生编译错误　　D. 不确定

10. 下列选项中，不是 finally 块的特点的是 (　　)。

A. 无论是否发生异常，finally 块都会被执行

B. finally 块中的代码可以抛出或捕获新的异常

C. finally 块中的代码在 catch 块之前执行

D. finally 块通常用于释放资源

三、判断题

1. 未受检查异常（如 RuntimeException）不需要在方法签名中声明。(　　)

2. finally 块中的代码在任何情况下都会执行，包括在 catch 块中抛出新的异常时。(　　)

3. 如果一个方法抛出了一个未声明的受检查异常，编译器会报错。(　　)

4. throw 语句用于声明一个方法可能抛出的异常。(　　)

5. 一个 catch 块可以捕获并处理多个不同类型的异常。(　　)

6. 在 Java 程序中，异常处理机制是通过“try–catch–finally”结构来实现的。(　　)

7. Error 类也是 Exception 类的子类，因此 Error 异常也可以使用 try–catch 语句来捕获。(　　)

8. 在 finally 块中释放资源是一个良好的编程习惯。(　　)

9. 在 Java 程序中，异常处理机制可以提高程序的健壮性和可靠性。(　　)

10. 异常必须被捕获或声明，否则程序将无法编译通过。(　　)

四、程序设计题

编写一个方法 performOperations(String input)，该方法对输入字符串进行两项操作，将字符串转换为整数，并打印除以 2 的结果。要求如下。

（1）如果字符串不能转换为整数，捕获并处理 NumberFormatException 异常。

（2）如果输入的整数为零，捕获并处理 ArithmeticException 异常。

（3）无论是否发生异常，都应输出“操作完成”。

测试示例代码如下。

```
测试示例代码：
performOperations("123");   // 测试有效输入
performOperations(null);   // 测试无效输入
```

运行结果如图 5-2-1 所示。

```
转换成功，整数值为: 123
除以2的结果: 61
操作完成
输入不是有效的整数
操作完成
```

图 5-2-1

第三节 自定义异常

一、填空题

1. 自定义异常通常是通过继承__________或________________类来创建的。

2. 当自定义异常是________时，需要在方法签名中用 throws 关键字进行声明。

3. 继承自 RuntimeException 的自定义异常属于______________。

4. 如果要创建受检异常类，必须继承自____________类。

5. 自定义异常类必须是____类，以便被其他类访问。

6. 自定义异常类可以包含额外的________和方法，用于提供更多的错误信息。

7. getMessage( ) 方法通常用来获取异常对象中的____________。

8. 自定义异常可以在________块中捕获和处理，也可以通过________关键字抛出。

9. 自定义异常的使用可以提高代码的可维护性和________。

10. 自定义异常类可以包含额外的__________或_______，用于提供更多关于异常发生原因的信息，帮助开发人员更好地理解和处理异常情况。

二、选择题

1. 自定义异常类应该继承（　　）类。

A. Object　　B. Throwable　　C. Exception　　D. Error

2. 在自定义异常类中，（　　）方法用于返回异常的详细消息。

A. toString( )　　B. getMessage( )　　C. getCause( )　　D. printStackTrace( )

3. 下列选项中，不是自定义异常的作用的是（　　）。

A. 提供更具体的异常信息　　B. 增加代码的复杂性

C. 提高代码的可读性　　D. 提高代码的可维护性

4. 在 Java 程序中，自定义异常类名通常以（　　）结尾。

A. Error　　B. Exception　　C. Info　　D. Warning

5. 当使用自定义异常时，需要在方法签名中使用（　　）关键字进行声明。

A. try　　B. catch　　C. throws　　D. Finally

6. 下列选项中，不是创建自定义异常类时需要注意的事项的是（　　）。

A. 避免过度使用　　B. 提供有意义的异常信息

C. 继承自 Error 类　　D. 遵循命名约定

7. (　　) 关键字用于捕获异常。

A. try　　B. catch　　C. finally　　D. throw

8. 如果一个方法可能抛出多个自定义异常，应该 (　　)。

A. 使用逗号分隔每个异常类型　　B. 使用竖线分隔每个异常类型

C. 单独声明　　D. 无须声明

9. 自定义异常类的类名应 (　　)。

A. 与其他类相同　　B. 表示与异常相关的上下文

C. 任意命名　　D. 与父类相同

三、判断题

1. 自定义异常类必须继承自 Error 类。(　　)

2. 在自定义异常类中，必须重写 toString( ) 方法。(　　)

3. 当使用自定义异常时，不需要在方法签名中进行声明。(　　)

4. 自定义异常类名通常以 Info 关键字结尾。(　　)

5. 所有自定义异常类都必须是受检异常。(　　)

6. 自定义异常类应该提供有意义的异常信息，以便调试和处理错误。(　　)

7. 自定义异常类可以包含额外的错误信息，如错误码等。(　　)

8. 自定义异常类不需要提供构造函数。(　　)

9. 如果自定义异常是受检异常，那么必须在方法声明中使用 throws 关键字。(　　)

10. 自定义异常类的构造函数必须调用父类的构造函数。(　　)

四、程序设计题

编写一个自定义异常类 InvalidAgeException，当用户输入的年龄小于 0 或大于 150 时，抛出该异常。要求如下。

(1) 编写一个方法 checkAge(int age)，判断输入的年龄是否合法。

(2) 如果年龄合法，输出“年龄输入合法”；否则抛出 InvalidAgeException 异常，输出“非法年龄输入”的提示。

测试示例代码如下。

测试示例代码：

```
checkAge(25);   // 测试合法年龄
checkAge(-5);   // 测试非法年龄
```

运行结果如图 5-3-1 所示。

```
年龄输入合法
非法年龄输入
```

图 5-3-1

【实训案例 5】维修室计算机修理管理

一、填空题

1. 在 Java 程序中，异常主要分为两类，受检查异常（Cheched Exception）和__________________异常。

2. Java 程序的类库提供了一个________类，所有的异常都必须是它的实例或它子类的实例。

3. ________关键字可以抛出异常。

4. 在一个异常处理中，finally 代码块只能有____个或____个。

5. 当 Java 程序中出现异常且没有相应的异常处理代码时，程序将__________。

二、选择题

1. 在异常处理中，释放资源、关闭文件、关闭数据库等由（　　）子句来完成。

A. try　　B. catch　　C. finally　　D. throw

2. 当一个方法出现异常，而设计者并不确定如何处理该异常时，下列选项中，（　　）异常的操作是正确的。

A. 捕获　　B. 抛出　　C. 声明　　D. 嵌套

3. 当一个方法使用 throws 关键字声明抛出异常时，下列说法中正确的是（　　）。

A. 调用该方法的代码必须处理该异常

B. 调用该方法的代码可以选择不处理该异常

C. 该方法内部必须使用 try-catch 语句块处理该异常

D. 该方法没有任何返回值

4. 在 Java 程序中，关于 finally 块的说法中不正确的是（　　）。

A. finally 块中的代码总是会被执行

B. 无论是否发生异常，finally 块都会被执行

C. 如果 try 块中有 return 语句，finally 块中的代码会在 return 语句之前执行，但 return 的值不会被改变

D. finally 块可以用来释放资源，如关闭文件或数据库连接

5.（　　）类表示程序中的严重错误，通常是由 Java 虚拟机抛出的。

A. Exception　　B. RuntimeException
C. Error　　D. Throwable

三、程序设计题

编写一个方法 withdraw（double amount），该方法模拟银行账户的取款操作，要求如下。

（1）当取款金额大于账户余额时，抛出 InsufficientFundsException 异常，提示“余额不足”。

（2）无论是否成功取款，都要输出“取款操作结束”。

测试示例代码如下。

```
示例测试代码：
BankAccount account = new BankAccount(1000);
account.withdraw(500);   // 测试是否成功取款
account.withdraw(600);   // 测试余额是否不足
```

运行结果如实训案例图 5-1-1 所示。

```
取款成功, 取款金额：500.0
剩余金额：500.0
余额不足
```

实训案例图 5-1-1

【实训项目 5】设计自定义一元二次方程求根程序

一、实训目的

1. 能编写自定义异常。
2. 掌握异常的抛出与捕获方法。
3. 掌握异常的处理方式。

二、项目描述

一元二次方程的一般形式为 $ax^2+bx+c=0$，其中 a、b 和 c 是常数，且 a=0。使用 Eclipse 编写 Java 程序，自定义一个异常类 QuadraticEquationException，再定义一个主类，包含 main( ) 方法和 solveQuadraticEquation( ) 方法，在 main( ) 方法中调用 solveQuadraticEquation( ) 方法。solveQuadraticEquation( ) 方法中通过 3 个参数得到一元二次方程的 3 个系数 a、b、c，如果判别式 $\Delta<0$（$\Delta=b^2-4ac$），方程没有实数根，那么用 throw 语句抛出自定义的异常；如果 $\Delta>0$ 或 $\Delta=0$，方程有实数根，计算出实数根并输出（不要做返回值）。最后，在 main( ) 方法中要求测试异常，并捕捉异常。

三、实训环境配置

1. Windows 10 操作系统。
2. JDK17 开发工具包。
3. Eclipse 集成开发环境。

四、实训准备

1. 创建自定义异常类

创建一个自定义异常类 QuadraticEquationException，它继承自 Exception 类。可以在这个异常类中定义一些特定的构造方法或信息，以便在抛出异常时能够提供更详细的信息。

2. 创建主类

创建一个包含 main( ) 方法和 solveQuadraticEquation ( ) 方法的主类。

实现 solveQuadraticEquation( ) 方法，其接收 3 个参数 a、b、c，代表一元二次方程的系数。

3. 设计判别式 $\Delta=b^2-4ac$

如果 $\Delta<0$，那么方程没有实数根，使用 throw 语句抛出自定义的 QuadraticEquationException 异常。如果 $\Delta>=0$，那么方程有实数根，计算并输出实数根。

4. 实现 main( ) 方法

在 main( ) 方法中调用 solveQuadraticEquation( ) 方法，传入测试方程的系数。使用 try–catch 语句块来捕捉 QuadraticEquationException 异常，并处理异常。

五、项目实施

1. 编写程序代码

根据项目要求，在 Eclipse 工作窗口的代码区域中输入以下代码，并在理解下列代码意义的基础上，在横线上将代码补充完整。

```
public static void solveQuadraticEquation(double a, double b, double c) throws
QuadraticEquationException {
            if (discriminant < 0) {
            ______________________
            } else {
                if (discriminant > 0) {
             ______________________
                    System.out.println(" 方 程 有 两 个 不 同 的 实 数 根: "+root1+" 和 "+
root2);
                } else { // discriminant == 0
             ______________________
                    System.out.println(" 方程有一个实数根: " + root);
                }
            }
        }
```

2. 运行与调试程序

运行并修改代码，排除出现的错误，并在实训项目表 5-1-1 中做好记录。

实训项目表 5-1-1

序号	输入内容	输出结果	是否出错	错误原因	处理方法

六、实训评价

完成本实训项目后，学生展示项目实施成果，讲述或介绍在完成项目过程中的心得体会。从职业素养、专业能力、工作成果等方面对学生进行评价，采用自我评价、小组评价、教师评价相结合的多元评价方式，填写实训项目表 5-1-2。

实训项目表 5-1-2

序号	评价内容	配分 / 分	评价分数		
			自我评价（占比 30%）	小组评价（占比 30%）	教师评价（占比 40%）
1	能正确编写自定义异常类	30			
2	能正确编写程序业务逻辑	20			
3	能正确使用 try-catch 语句块进行异常处理	15			
4	能正确使用 throw 关键词	15			
5	能正确完成测试功能	20			
综合得分					

第六章　Java 图形用户界面程序设计

第一节　认识图形用户界面设计

一、填空题

1. 在 Java 程序中，GUI 的中文名称是________________。

2. Swing 组件是基于______库开发的轻量级 GUI 库。

3. AWT 的组件都是依赖于____________实现的，而 Swing 组件是依赖于纯 Java 实现的。

4. 在 JRE 系统库的______________模块中，可以确定 java.awt 的类库包位置。

5. ___________类是一个抽象类，因此并不能独立地绘制出图形，必须将组件放在一定的容器中才能展示图形。

6. Swing 组件都采用______设计模式。

7. Swing 组件采用_____________，可以减少闪烁和提高绘图性能。

8. ________属于顶层容器，________属于中间容器。

二、选择题

1.（　　）不是 Java GUI 编程中的容器类。

A. JPanel　　B. JFrame　　C. JButton　　D. JDialog

2. 轻量级工具包 Swing 和图像窗口工具包 AWT 的最大区别是（　　）。

A. Swing 是依赖操作系统的本地组件　　B. AWT 是轻量级组件

C. Swing 是轻量级组件　　D. 以上选项均不正确

3. 在 JFrame 中设置窗口标题的方法是（　　）。

A. setText()　　B. setTitle()

C. setCaption()　　D. setLabel()

4. 图形用户界面（GUI）的主要特点是（　　）。

A. 依赖于命令行操作　　B. 使用图形元素与用户交互

C. 完全基于文本输入　　D. 只能使用键盘操作

5. 图形用户界面的设计初衷是（　　）。

A. 增加计算机系统的复杂性　　B. 提高用户体验并降低操作难度

C. 替代命令行，完全抛弃键盘操作　　D. 使计算机更适合高级用户

6. 下列选项中，（　　）描述的是图形用户界面的优势。

A. 操作完全依赖于命令行

B. 用户看到和操作的都是图形对象，界面更加直观

C. 图形用户界面不需要标准化操作

D. 图形用户界面与命令行界面相比，功能更少

7. 下列选项中，（　　）是图形用户界面的作用。

A. 只能通过命令行完成复杂操作

B. 让系统更复杂，增加学习成本

C. 提供直观的操作界面并提高工作效率

D. 阻碍计算机系统的发展

8. 下列选项中，（　　）是图形用户界面的典型应用。

A. Eclipse 导航菜单　　B. Linux 命令行终端

C. MySQL 数据库交互界面　　D. DOS 命令行窗口

9. 下列选项中，（　　）不是图形用户界面的作用。

A. 提高用户的操作效率　　B. 增加系统操作的复杂性

C. 提供美观友好的界面　　D. 促进计算机系统的发展

三、判断题

1. JFrame 是 Java 中的顶层窗口类。（　　）

2. Swing 是重量级组件，因为它依赖于操作系统的本地窗口工具包。（　　）

3. 可以通过 setVisible（true）方法来显示 JFrame 窗口。（　　）

4. 在 Swing 中，所有组件都是线程安全的。（　　）

5. JButton 是 AWT 的组件，而不是 Swing 的组件。（　　）

6. AWT 和 Swing 的事件处理机制是相同的。（　　）

7. setSize( ) 方法可以用来设置 JFrame 的大小。（　　）

8. JFrame 中必须添加组件，否则窗口无法显示。（　　）

9. JPanel 是一个可以嵌套在 JFrame 中的容器。（　　）

四、程序设计题

设计图 6-1-1 所示的 GUI 界面，编写程序创建一个带有菜单的 JFrame，菜单项包括“文件”和“退出”，单击“退出”按钮时可关闭窗口。

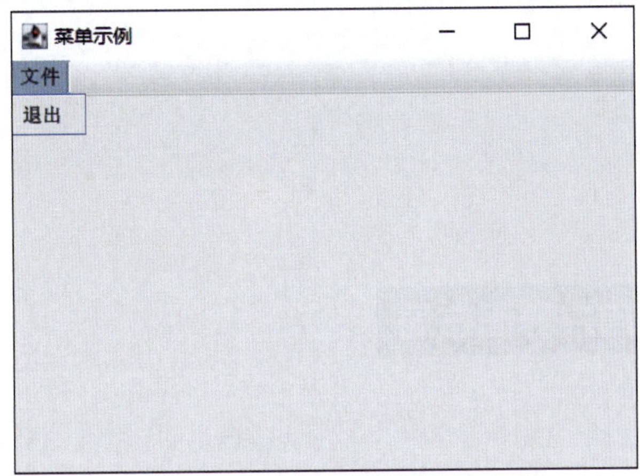

图 6-1-1

第二节 图形用户界面布局

一、填空题

1. 布局管理器（Layout Manager）是用于管理和控制 GUI 组件在容器中摆放__________和形状大小的工具。

2. FlowLayout 是 Java 中的_____布局管理器。

3. 边界布局（BorderLayout）将容器划分为 5 个区域，分别是北、南、东、西和______。

4. 在 FlowLayout 中，组件默认是按照__________而后_________方向排列的。

5. 布局管理器的主要作用包括____________、____________和____________。

6. 网格布局（GridLayout）中的每个单元格默认是______大小的。

7. 网格布局（GridLayout）的构造函数是 GridLayout（int rows, int cols），其中 rows 表示______，cols 表示______。

8. 一般来说，使用边界布局添加组件且不指定组件放置的区域时，默认会将组件放置在__________区域。

9. FlowLayout 的默认间距是_____像素。

10. FlowLayout 布局的默认对齐方式是______________。

二、选择题

1. 下列选项中，（ ）布局管理器允许组件在容器中按照指定的网格排列。

A. FlowLayout B. GridLayout C. BorderLayout D. CardLayout

2. BorderLayout 中的（ ）区域默认占据容器中的大部分空间。

A. 北 B. 南 C. 东 D. 中

3. 下列选项中，（ ）布局管理器允许在同一个容器中切换显示多个面板。

A. FlowLayout B. GridLayout C. BorderLayout D. CardLayout

4. 在 FlowLayout 中，如果容器宽度不足以容纳所有组件，组件将（ ）。

A. 重叠显示 B. 换行显示 C. 被截断显示 D. 消失

5. GridLayout 的构造函数中，如果指定了行数和列数，但组件数量不匹配，那么（ ）。

A. 组件将不会显示 B. 容器将自动调整行数、列数以适应组件

C. 剩余的单元格将保持空白 D. 程序将抛出异常

6. BorderLayout 中的（ ）两个区域通常用于放置固定大小的组件。

A. 北和南 B. 东和西 C. 北和西 D. 南和东

7. 在 GridLayout 中，行数和列数（ ）。

A. 均可以是 0

B. 均不能是 0

C. 行数可以是 0，但列数不能是 0

D. 列数可以是 0，但行数不能是 0

8. 下列选项中，CardLayout 通过（ ）语句显示特定名称的卡片。

A. add(String name, Component comp)

B. remove(Component comp)

C. show(Container parent, String name)

D. layoutContainer(Container parent)

三、判断题

1. FlowLayout 的组件会根据容器的宽度自动换行。（ ）

2. 在 BorderLayout 中，如果不指定区域，组件会被放置在 North 区域中。（ ）

3. CardLayout 只能显示一个面板，不能同时显示多个面板。（ ）

4. 使用 FlowLayout 时，组件的大小会自动适应容器的大小。（ ）

5. BorderLayout 中的东区域和西区域默认是等宽的。（ ）

6. GridLayout 中的组件数量必须完全填满整个网格。（ ）

7. FlowLayout 的默认间距是 10 像素。 (　　)

8. BorderLayout 中的北区域默认是不可见的。 (　　)

9. 在 GridLayout 的构造函数中，行数和列数必须相等。 (　　)

10. 在 FlowLayout 中，可以通过设置 alignment 参数来改变组件的对齐方式。 (　　)

四、程序设计题

设计图 6-2-1 所示 GUI 界面，编写一个使用 BorderLayout 的 Java 程序，分别在北、南、东、西和中间添加按钮。

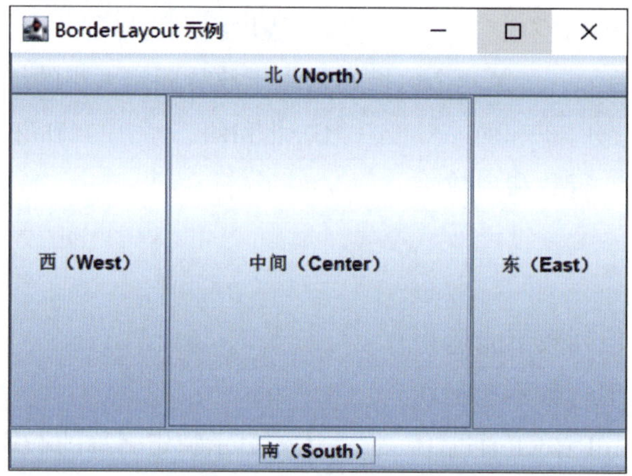

图 6-2-1

第三节　事件委托处理

一、填空题

1. ________________类用于监听按钮单击等动作事件。
2. ________________类用于监听文本组件中文本的变化。
3. ________________类用于监听窗口事件，如窗口打开、关闭、激活、最小化等事件。
4. 在 Java 程序中，____________类用于监听键盘事件。
5. 在 Java 程序中，____________类用于表示鼠标事件。
6. 处理鼠标事件的监听器需要实现____________接口。
7. 在 Java 程序中，______________类用于表示动作事件。
8. 在 Java 程序中，窗口关闭事件由_______________接口的 windowClosing( ) 方法进行处理。
9. 文本输入框的内容改变可以通过添加__________监听器来实现。
10. AWT 组件使用____________方法添加事件监听器。

二、选择题

1. (　　) 类用于表示组件上产生的鼠标事件。

A. MouseAdapter　　B. MouseEvent

C. MouseListener　　D. MouseMotionEvent

2. 在处理窗口关闭事件时，应该重写 (　　) 方法。

A. windowOpened( )　　B. windowClosing( )

C. windowClosed( )　　D. windowIconified( )

3. 当用户按下一个按键时，触发的事件类型是 (　　)。

A. KeyPressed　　B. KeyReleased　　C. KeyTyped　　D. KeyEvent

4. 下列选项中，(　　) 事件不是鼠标事件的一种。

A. mousePressed　　B. mouseReleased　　C. mouseDragged　　D. keyTyped

5. 下列选项中，(　　) 类不用于事件处理。

A. ActionEvent　　B. KeyEvent　　C. TextEvent　　D. MouseAdapter

6. 下列选项中，关于 Java 事件模型的描述中正确的是 (　　)。

A. 事件模型是同步的
B. Java 中的事件处理是基于观察者模式的
C. AWT 组件不支持事件处理
D. 事件必须通过轮询机制捕获

7. 用于处理鼠标移动事件的接口是（　　）。

A. MouseListener
B. MouseMotionListener
C. KeyListener
D. ActionListener

8. 下列选项中，不是 Java 事件处理机制的优点的是（　　）。

A. 实现交互响应
B. 实现解耦
C. 增加交互的复杂性
D. 提供代码的可重用性

9. 下列选项中，（　　）事件类包含表示文本框中内容变化的信息。

A. TextEvent　B. ActionEvent　C. KeyEvent　D. FocusEvent

10. 下列选项中，（　　）方法属于 KeyListener 接口。

A. keyTyped()
B. keyMoved()
C. keyDragged()
D. keyClicked()

三、判断题

1. Java 事件处理机制是基于事件驱动的。（　　）
2. 每个 Java 事件监听器只能处理一种类型的事件。（　　）
3. KeyEvent 类用于描述鼠标事件的发生。（　　）
4. 在 Java 程序中，继承 KeyListener 类后，必须实现其所有方法。（　　）
5. 在 Java 程序中，ActionListener 接口用于监听鼠标事件。（　　）
6. KeyEvent 类的 getKeyChar() 方法用于返回按键的字符表示。（　　）
7. 在 Java 程序中，WindowListener 接口用于监听窗体事件。（　　）
8. 在 Java 程序中，一个类只能实现一个监听器接口。（　　）
9. 在 Java 程序中，鼠标事件和键盘事件的处理机制相同。（　　）
10. 鼠标双击是通过 mouseReleased () 方法进行处理的。（　　）
11. 通过 addWindowListener() 方法可以为 JFrame 添加窗口监听器。（　　）
12. TextListener 用于监听文本框中的文本改变事件。（　　）
13. 在 Java 程序中，所有事件处理都必须实现某个事件监听接口。（　　）
14. 窗口关闭事件是通过 WindowListener 的 windowClosing() 方法来处理的。（　　）
15. KeyListener 接口中包含 3 种键盘事件处理方法。（　　）

四、程序设计题

设计图 6-3-1 所示的 GUI 界面，编写一个 Java 程序，创建一个窗口，并在窗口中绘制一个可以移动的圆。通过键盘的方向键（上、下、左、右）来控制圆的移动。

图 6-3-1

【实训案例 6】计算器设计

一、填空题

1. 在设计计算器桌面程序时，需要先考虑__________________。

2. 边界布局将界面分为______、______、______、______和______区域。

3. 程序图标可以使用__________类引入图片。

4. 设计界面需要设置为 5 行 4 列，可以采用__________形式。

5. 可以使用______________控件作为输入数据与结果数据的展示区。

二、选择题

1. 在 Java 程序中，用于创建图形用户界面的主要包是（　　）。

A. java.util　　B. java.lang

C. java.io　　D. java.swing

2. 下列选项中，（　　）类用于在 Java 程序中创建一个窗口。

A. JFrame　　B. JPanel

C. JLabel　　D. JButton

3. 在 Swing 中，用于设置组件布局管理器的方法是（　　）。

A. setLayout(LayoutManager mgr)

B. setLayoutManager(LayoutManager mgr)

C. addLayout(LayoutManager mgr)

D. defineLayout(LayoutManager mgr)

4. 下列选项中，（　　）Swing 组件用于显示表格数据。

A. JTable　　B. JList

C. JTree　　D. JTextPane

5. 要在 GUI 应用程序中处理窗口关闭事件，应该实现（　　）接口。

A. ActionListener

B. WindowListener

C. FocusListener

D. ComponentListener

三、程序设计题

设计实训案例图 6-1-1 所示的 GUI 界面，编写程序统计用户在一个窗口单击鼠标左键的次数，并在窗口的状态栏中显示处理。

实训案例图 6-1-1

【实训项目 6】设计学生信息管理程序 GUI 界面

一、实训目的

1. 掌握界面布局设置。
2. 掌握事件处理机制。
3. 掌握常用控件编程方法。

二、项目描述

使用 Eclipse 编写 Java 程序，输出实训项目图 6-1-1 和图 6-1-2 所示的学生信息管理程序 GUI 界面。

1. 登录界面

（1）登录界面包含用户名和密码输入框，以及“登录”和“注册”两个按钮。

（2）单击“登录”按钮时，会弹出“登录成功！”的提示框。

（3）单击“注册”按钮时，关闭登录窗口，打开注册界面。

2. 注册界面

（1）注册界面包含姓名、手机号、性别（单选按钮）、班级和兴趣爱好（复选框）等输入项。

（2）单击“注册登录”按钮时，会弹出“注册成功！”的提示框。

（3）单击“返回登录”按钮时，会关闭注册界面，返回登录界面。

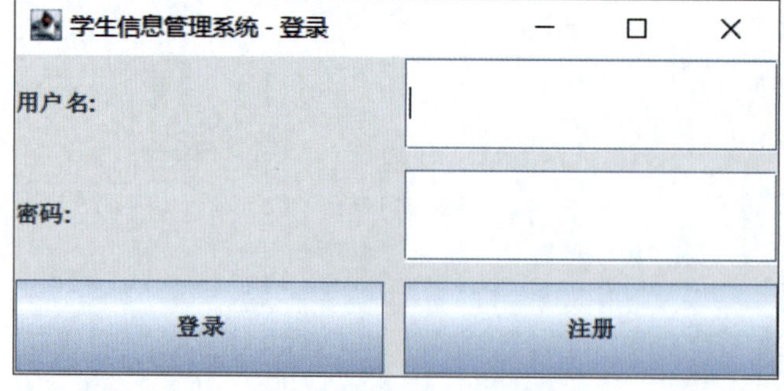

实训项目图 6-1-1

实训项目图 6-1-2

三、实训环境配置

1. Windows 10 操作系统。
2. JDK17 开发工具包。
3. Eclipse 集成开发环境。

四、实训准备

1. 设计登录界面

（1）使用 JFrame 创建主窗口，设置窗口标题、大小、关闭操作和窗口居中显示等属性。

（2）使用 GridLayout 布局将面板分为 3 行 2 列，用来放置界面上的控件。

（3）在面板的第三行添加了两个按钮，分别是“登录”和“注册”按钮。

（4）单击“登录”按钮，显示一个弹窗提示“登录成功！”。单击“注册”按钮，跳转到注册界面。

2. 设计注册界面

（1）类似于登录界面，注册界面也继承自 JFrame，设置其窗口大小、标题、居中显示等属性。

（2）使用 GridLayout 布局，将面板分为 6 行 2 列，用来放置界面上的控件。

（3）单击“注册”按钮，显示弹窗提示“注册成功！”。单击“返回登录”按钮，重新打开登录界面。

五、项目实施

1. 编写程序代码

根据项目要求，在 Eclipse 工作窗口的代码区域中输入以下代码，并在理解下列代码意义的基础上，在横线上将代码补充完整。

```
public class StudentManagementSystem extends JFrame {
    // 构造方法，设置登录界面
    public StudentManagementSystem( ) {
        // 设置窗口标题
        setTitle(" 学生信息管理系统 – 登录 ");
        setSize(400, 200);

        ________________________________________
        setLocationRelativeTo(null); // 窗口居中显示

        // 创建面板
        JPanel panel = new JPanel( );
        panel.setLayout(new GridLayout(3, 2, 10, 10)); // 网格布局，3 行 2 列

        // 用户名标签和文本框
        JLabel userLabel = new JLabel(" 用户名 :");
        JTextField userText = new JTextField( );
        panel.add(userLabel);
        panel.add(userText);

        // 密码标签和密码框
        ________________________________________
        ________________________________________
        ________________________________________
        ________________________________________
```

```
        // " 登录 " 按钮
        JButton loginButton = new JButton(" 登录 ");
        panel.add(loginButton);

        // " 注册 " 按钮，跳转到注册界面
        ________________________________________
        panel.add(registerButton);

        // 将面板添加到框架
        add(panel, BorderLayout.CENTER);

        // 设置登录按钮单击事件
        ________________________________________

        // 设置注册按钮单击事件，跳转到注册界面
        registerButton.addActionListener(e -> {
            this.dispose( ); // 关闭当前登录窗口
            new RegistrationPage( ); // 打开注册界面
        });

        // 显示窗口
        setVisible(true);
    }

    // 注册界面类
    class RegistrationPage extends JFrame {
        public RegistrationPage( ) {
            // 设置窗口标题
            setTitle("学生信息管理系统 - 注册");
            setSize(400, 300);
```

```
setLocationRelativeTo(null); // 窗口居中显示

// 创建面板
JPanel panel = new JPanel( );
panel.setLayout(new GridLayout(6, 2, 10, 10)); // 网格布局，6 行 2 列

// 姓名标签和文本框
JLabel nameLabel = new JLabel(" 姓名 :");
JTextField nameText = new JTextField( );
panel.add(nameLabel);
panel.add(nameText);

// 手机号标签和文本框
JLabel phoneLabel = new JLabel(" 手机号 :");
JTextField phoneText = new JTextField( );
panel.add(phoneLabel);
panel.add(phoneText);

// 性别标签和单选按钮
JLabel genderLabel = new JLabel(" 性别 :");
JRadioButton maleButton = new JRadioButton(" 男 ");
JRadioButton femaleButton = new JRadioButton(" 女 ");
ButtonGroup genderGroup = new ButtonGroup( ); // 将单选按钮放在一个组里
genderGroup.add(maleButton);
genderGroup.add(femaleButton);
JPanel genderPanel = new JPanel( ); // 用一个面板包含性别按钮
genderPanel.add(maleButton);
genderPanel.add(femaleButton);
```

```
panel.add(genderLabel);
panel.add(genderPanel);

// 班级标签和文本框
JLabel classLabel = new JLabel(" 班级 :");
JTextField classText = new JTextField( );
panel.add(classLabel);
panel.add(classText);

// 兴趣爱好标签和复选框
JLabel hobbyLabel = new JLabel(" 兴趣爱好 :");
JCheckBox readingBox = new JCheckBox(" 阅读 ");
JCheckBox sportsBox = new JCheckBox(" 运动 ");
JCheckBox musicBox = new JCheckBox(" 音乐 ");
JPanel hobbyPanel = new JPanel( ); // 用一个面板包含兴趣爱好
hobbyPanel.add(readingBox);
hobbyPanel.add(sportsBox);
hobbyPanel.add(musicBox);
panel.add(hobbyLabel);
panel.add(hobbyPanel);

// " 注册 " 按钮
____________________________________
____________________________________

// " 返回 " 按钮，返回登录界面
____________________________________
____________________________________

// 将面板添加到框架
```

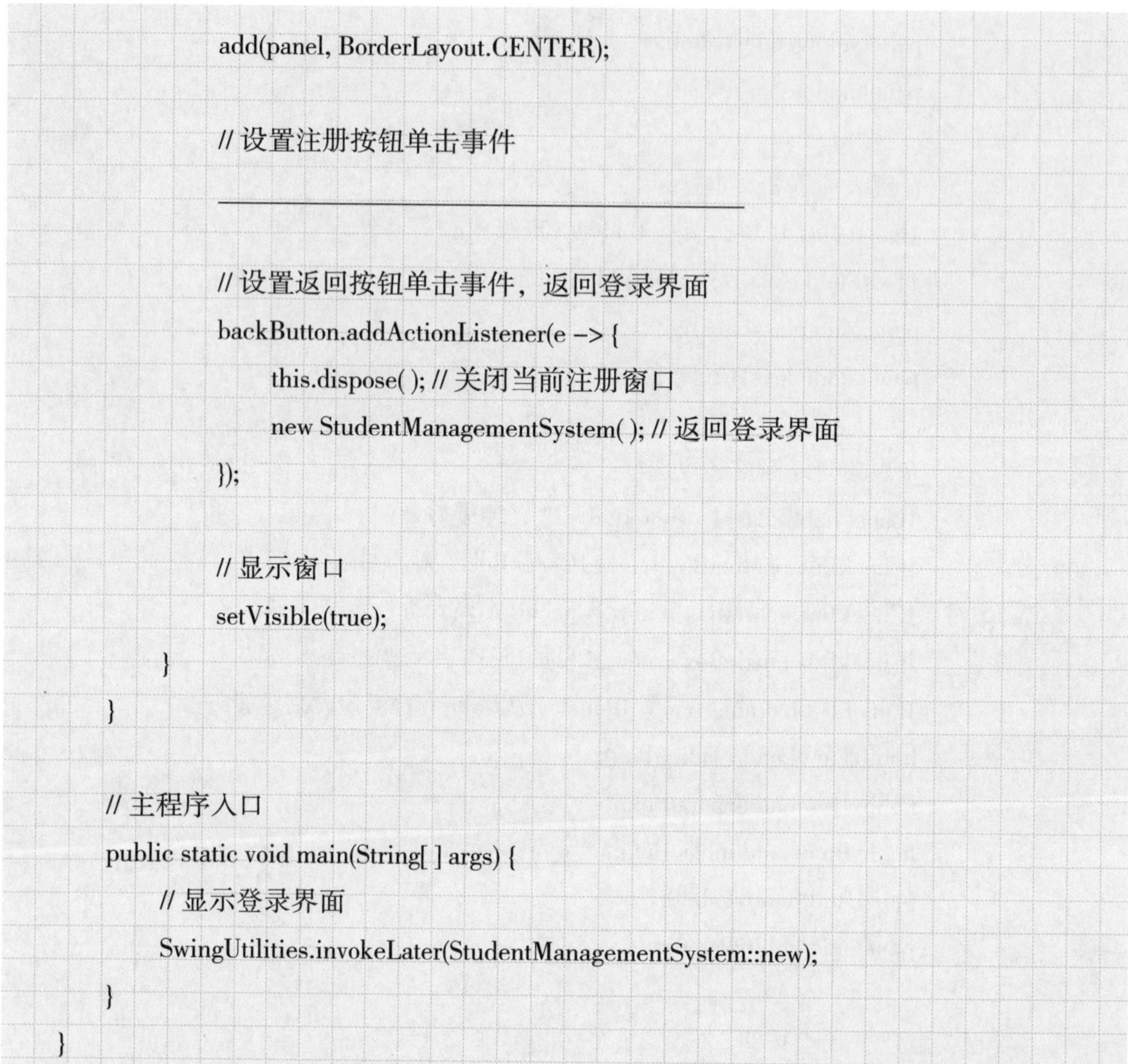

```
            add(panel, BorderLayout.CENTER);

            // 设置注册按钮单击事件
            ________________________________________

            // 设置返回按钮单击事件，返回登录界面
            backButton.addActionListener(e -> {
                this.dispose( ); // 关闭当前注册窗口
                new StudentManagementSystem( ); // 返回登录界面
            });

            // 显示窗口
            setVisible(true);
        }
    }

    // 主程序入口
    public static void main(String[ ] args) {
        // 显示登录界面
        SwingUtilities.invokeLater(StudentManagementSystem::new);
    }
}
```

2. 运行与调试程序

运行并修改代码，排除出现的错误，并在实训项目表 6-1-1 中做好记录。

实训项目表 6-1-1

序号	输入内容	输出结果	是否出错	错误原因	处理方法

续表

序号	输入内容	输出结果	是否出错	错误原因	处理方法

六、实训评价

完成本实训项目后，学生展示项目实施成果，讲述或介绍在完成项目过程中的心得体会。从职业素养、专业能力、工作成果等方面对学生进行评价，采用自我评价、小组评价、教师评价相结合的多元评价方式，填写实训项目表 6–1–2。

实训项目表 6–1–2

序号	评价内容	配分 / 分	评价分数		
			自我评价（占比 30%）	小组评价（占比 30%）	教师评价（占比 40%）
1	能正确编写学生信息管理程序 GUI 登录界面	25			
2	能正确编写学生信息管理程序 GUI 注册界面	25			
3	能实现登录与注册界面之间的跳转	20			
4	能实现注册成功弹窗功能	15			
5	能实现登录成功弹窗功能	15			
综合得分					